超越 STUIDO
SUPER 设计课

室内设计 思维创意 方法 与表达

第2版

盖永成　魏威　盖文来　编著

机械工业出版社
CHINA MACHINE PRESS

本书系统阐述设计思维与创意的理论与方法，详细介绍了与室内设计相关的设计思维方法、设计创意的过程以及设计表达与实施等内容，并针对当代设计大师的创意思想和设计思维创意具有代表性的国内外优秀案例进行分析，开发读者的思维想象，便于读者了解当今设计的潮流与趋势，理解设计思维的方法与逻辑。全书分为7章，包括设计本源、设计构思、设计延伸、设计思维、功能空间、过程与表达、当代设计大师的创意思想。本书为室内设计相关专业的学生提供相应的基础知识及合理的方式方法，并可供相关专业设计人员参考。

图书在版编目（CIP）数据

室内设计思维创意方法与表达 /盖永成，魏威，盖文来编著. —2版. —北京：机械工业出版社，2017. 2（2024. 1重印）
ISBN 978-7-111-56013-5

Ⅰ.①室… Ⅱ.①盖…②魏…③盖… Ⅲ.①室内装饰设计
Ⅳ.①TU238.2

中国版本图书馆CIP数据核字（2017）第027079号

机械工业出版社（北京市百万庄大街22号 邮政编码100037）
策划编辑：赵 荣 责任编辑：赵 荣 张维欣
责任校对：王 延 张 征
封面设计：鞠 杨 责任印制：李 飞
北京利丰雅高长城印刷有限公司印刷
2024年1月第2版第6次印刷
184mm×260mm·11.25印张·229千字
标准书号：ISBN 978-7-111-56013-5
定价：69.00元

前　言

　　本书是研究与设计相关的设计思维方法、设计创意过程以及设计表达与实施等内容的专著，并针对具有代表性的设计创意案例做分析，开拓设计师的思维想象。编写的内容经过认真整理，对设计思维与创意的理论与方法作了较为系统的阐述，让设计师了解当今设计的潮流与趋势，理解设计思维方法、概念与逻辑。

　　在倡导"原创"设计的今天，作为一名称职的室内设计师，我们需要经常地对自己的作品进行反思，不断否定自我的设计观念，将自身重置于设计的本源并重新审视自身设计的发展方向。由于我国室内设计起步较晚，在某些领域的设计观念还是半封闭状态，在室内设计的创意理念上，同起步较早的先进国家相比，也必然会有一定程度的差距。近年来，我们的设计视野也得以拓宽，自由发展空间得以延展，室内设计水平也在不断提高，设计市场更专业化、正规化、市场化的体系在逐步形成并完善；设计师们除了用自己的热情去完成设计项目外，也能经常进行行业内交流与沟通，特别是港台地区，在设计理念上，比较接近国际先进设计意识与设计思想，与外国机构的设计团队合作机会也多，已经形成了强大的设计规模与设计团队。在设计思维、设计理念上也具备了一定的前瞻性，特别是"低碳"设计新理念的提出，远远超过我们，而设计思维与设计价值的体现是成正比的。作为室内设计师，理应对自己的设计不断地否定，发现自身的不足，并与行业内同仁交流、互动、促进与提高。

　　环顾当下，我们部分的设计师还缺乏对设计思维"原创"价值观的深刻理解。更多的设计师对自身的定位存在误区。尤其许多初入行的设计师，只会操作一两个电脑软件，很少用头脑去分析，去理解设计的含义，更谈不上创意概念，只是将一些流行的或现成的符号拿来到处拼贴；有的设计师，只注意细节过多的刻画，却忽略了整体的概念，等等。在提倡低碳环保理念的今天，可以说，我们的部分设计师，一直在做着"错误"的设计工作。特别在家装市场，到处都是无创意的劣势"行活"设计，材料无原则的肆意堆砌等现象；个别的家装公司把设计变成免费商品，并演变成菜单拼贴式的家装设计系列，这是危害了一批设计师，也危害了社会经济和社会未来发展，医生们可以掩埋掉他们的错误,但设计师不得不和他们的错误生活在一起。在未来的室内设计市场，那种没有创意、没有思想、没有品位的设计，是不应该有一席之地的，而无"原创"设计概念及相互抄袭等 "拿来主义"的年代应该过去。

　　归根结底，设计师需要经常地梳理头绪，把设计的思维整理并总结一下，把要表达的预想目的，要表达的内容——设计思维并联起来。只有思考，身心才能得到沉淀与提炼；只有思考，才能提高设计思维创意能力，提高服务意识、品牌意识；只有思考，才能用实际的行动去改变行业内外存在的错误观念，提高室内设计师的职业水平，用规范的操作和一定水准的创意理念设计作品；只有思考，才能理解设计自身存在的价值，并体现室内设计的实际应用价值。

本书的撰写目的，其一是为环境艺术设计执业者提供一个设计思维创意基础理论和一种恰当的方法论，而设计思维创意需要一个过程，这个过程应该满足设计目标、合乎设计要求，并表达出业主、客户和设计师的最理想和最适宜的期望，并使其作品升华为富有价值标准的作品。创意要有整体性的实施与链接，在环境艺术领域建立设计创意和设计思维表达两极交叉的知识结构，提高建立在科学工作方法之上的创新思维能力，提升艺术设计教学质量。其二旨在成为一本教育、学习工具书，起到教材兼参考书的作用，以便给环境设计的学生提供相应的基础知识，以及合理的方式、方法。并且对于那些没有接受过充分环境艺术教育的设计师和事务所的从业人员也很有帮助。每一类读者都可以从本书中学习到相应的室内设计思维的理论和方法，并运用书上所附的实际案例，来启发、引导设计师的思维创意，丰富设计师的专业理论知识，以帮助他们在各自的设计领域内创造出具有艺术价值的设计。通过对室内设计思维与创意的研究，对设计方法的论证，无疑对设计师的设计创意及其创作实践具有必要的推动作用，对未来的室内空间设计发展，具有一定的参考与应用价值。由于编著者水平有限，在书中难免有不足之处，请同行、专家、学者和广大读者给予批评指正，在此以示谢意。

本书为大连外国语大学专著资助基金项目。

编著者

目　录

前　言

第1章　设计本源 ……………………………………………………………… 001

　1.1　概　述 ……………………………………………………………… 002

　　1.1.1　人类设计创新的起源 ……………………………………… 002

　　1.1.2　人类设计创新的阶段性 …………………………………… 002

　　1.1.3　与室内设计相关的创新与开发 …………………………… 003

　1.2　问题的提出 ………………………………………………………… 003

　　1.2.1　信息收集与积累 …………………………………………… 004

　　1.2.2　素材组合、移植、归纳 …………………………………… 008

　　1.2.3　主题性概念 ………………………………………………… 012

　　1.2.4　整体性概念 ………………………………………………… 013

　1.3　面对客户群与使用人群 …………………………………………… 016

　　1.3.1　沟通、交流、融合 ………………………………………… 018

　　1.3.2　了解客户 …………………………………………………… 019

　　1.3.3　客户需求 …………………………………………………… 020

第2章　设计构思 ……………………………………………………………… 021

　2.1　理解设计 …………………………………………………………… 022

　　2.1.1　思维结构与创造能力 ……………………………………… 022

　　2.1.2　叙述、感性、说服、创新 ………………………………… 024

　　2.1.3　原创、多向、想象、突变 ………………………………… 026

　2.2　灵感来源 …………………………………………………………… 028

　　2.2.1　灵感的点化、启示、遐想 ………………………………… 028

　　2.2.2　灵感的突发、亢奋、创造 ………………………………… 029

2.2.3 灵感的引发 ······························ 031

2.2.4 感悟自然 ································ 033

2.2.5 空间气氛的联想 ·························· 039

2.2.6 建筑"生命"的延续 ······················ 044

2.3 风格与趋向 ································ **044**

2.3.1 超越时代的记忆 ·························· 045

2.3.2 情感的"表象" ·························· 049

2.3.3 人性化设计 ······························ 052

第3章 设计延伸 ································ **055**

3.1 设计的文化特质 ···························· **056**

3.1.1 设计的文化属性 ·························· 058

3.1.2 设计的美学价值 ·························· 061

3.1.3 跨越边界的设计 ·························· 062

3.1.4 记录地域文化的印象 ······················ 062

3.2 适度设计 ································ **068**

3.2.1 现状分析 ································ 068

3.2.2 多与少 ································ 068

3.2.3 适量与量度 ······························ 069

3.2.4 全球共生 ································ 069

第4章 设计思维 ································ **071**

4.1 设计思维 ································ **072**

4.1.1 思维模式 ································ 072

4.1.2 设计思维的程序 ·························· 073

4.2 设计创意 ································ **073**

4.2.1 方案构思 ································ 074

4.2.2 素材再造 ································ 078

4.3 创意新解 ································ **079**

4.3.1 智慧与激励 ······························ 079

4.3.2 推理与创新 ······························ 082

4.3.3 意识与再造 ······························ 084

第5章　功能空间 ·· **087**

　5.1　平面功能分析 ····································· **088**

　　5.1.1　面积的分摊、界定 ························· 089

　　5.1.2　平面功能分区与流程 ····················· 089

　5.2　空间的形态 ····································· **092**

　　5.2.1　空间点、线、面的交织 ··················· 093

　　5.2.2　空间的尺度、比例与模度 ················· 099

　　5.2.3　空间流动的音乐 ························· 100

　5.3　色彩性格的体现 ································· **103**

　　5.3.1　空间色彩的视觉 ························· 104

　　5.3.2　色彩的心理和生理效应 ··················· 104

　　5.3.3　空间的色彩创意 ························· 105

　5.4　灯光意境的营造 ································· **108**

　　5.4.1　光的艺术魅力 ··························· 110

　　5.4.2　灯光照明设计的特性 ····················· 110

　5.5　陈设与氛围的营造 ······························· **111**

　　5.5.1　室内陈设的定义 ························· 111

　　5.5.2　配饰设计的分类 ························· 113

　　5.5.3　室内陈设的作用 ························· 113

　　5.5.4　室内陈设的布置原则 ····················· 115

第6章　过程与表达 ·· **117**

　6.1　方案演变 ······································· **118**

　　6.1.1　概念转化为图像语言 ····················· 118

　　6.1.2　方案视觉语言的形成 ····················· 123

　6.2　表达的形式 ····································· **125**

　　6.2.1　手绘最直接的表达 ······················· 126

　　6.2.2　模型最真实的表达 ······················· 130

　　6.2.3　计算机辅助设计 ························· 133

　　6.2.4　设计数据化的实施 ······················· 136

　6.3　设计实施 ······································· **137**

　　6.3.1　材质的组合 ··························· 138

　　6.3.2　视觉与触觉 ··························· 139

　　6.3.3　材料样板配置 ··························· 142

第7章　当代设计大师的创意思想 ·························· 145

　7.1　弗兰克·盖里（燃烧的天际线） ·················· 146

　7.2　扎哈·哈迪德（飓风的流动） ··················· 150

　7.3　凯莉·赫本（天人合一） ····················· 153

　7.4　贝聿铭（自然的空间） ····················· 155

　7.5　季裕棠（无限猜想） ······················· 157

　7.6　矶崎新 （未来的空中城市） ·················· 159

　7.7　隈研吾（消失的建筑） ····················· 162

　7.8　乔治·雅布与格里恩·普歇尔伯格组合（原味与独特） ········ 164

　7.9　BIG设计团队 ·························· 165

　7.10　MVRDV设计团队 ······················ 167

参考文献 ······································ 172

第 1 章

设计本源

1.1 概　述

1.1.1　人类设计创新的起源

设计起源于人类的生存与劳动，也主导着人们的生活方式。当某类设计成为一种主流取向时，这种设计就改变了人们的生活形态，从而也改变了人们的生活环境。生活是创意的来源，创意源于文化，创意源于自己。也可以说创意成就人类。从建筑设计到室内设计，创意不仅促进了生态、功能、精神环境的提升，同时还反映出一个时代的经济、文化与科技水平。而创意是创新的开始，创新始于创意，其根源则来自对生活的热爱。

由于创意设计的复杂性，其理论体系尚不能说成熟，至今已提出创意、创造技法340余种。

1.1.2　人类设计创新的阶段性

创新是历史发展的一个永恒主题，就设计的演变发展而言，其形态从无意识到有意识，从低级到高级，大致可分为四个重要的转折阶段。

初级阶段：从巢居到穴居，原始人不断寻找和改变栖身场所的环境，解决生活中可能出现的风雨、寒暑和其他自然现象的袭击等问题，从而有了"家"的遐想，出现了原始的居住空间意识；

传统阶段：砖瓦材料、砌筑技术得到很大的发展，不再是天然材料的初级使用，更多依赖于经验和技术；

实用主义阶段：工业化的进程，促使社会的组织结构和生产结构发生变化，设计从制造业中分离出来，成为一门独立的学科。设计理论日益成熟，并在实用的基础上增加了更多的情感因素和美学内容；

信息社会阶段：设计在高新技术的支持下，向多元化、个性化、生态化发展，与社会学、人体工程学、心理学、形态构成学等学科相结合形成多学科的交叉体系，人们对新功能和文化品位的追求更为迫切。

1.1.3　与室内设计相关的创新与开发

在1923年包豪斯的作品展览会上，"最为人乐道的展览品之一，是一所完全以包豪斯的设计建成的示范住宅。室内厨房废除了在中间装设一张大工作台及另设操作室的传统形式，而代以沿墙设置更具效率的柜台式工作台，上下都有储藏柜。正像今天的现代式厨房，实际上都采用这种'革命性'的设计"。

1938年被誉为"创造工程之父"的奥斯本制定了"头脑风暴法"，并取得成功。为推广这种技法，他撰写了一系列著作，如《思考的方法》、《所谓创造能力》、《实用的想象》等，并深入到学院、社会团体和企业，组织大家运用这些技法，此方法对室内设计领域具有一定推动作用。

1944年，戈登提出了著名的"提喻法"，成为最受欢迎的创意技法之一。也是室内设计常用的方法之一。

在创造工程的研究和开发上，日本可谓为"后起之秀"。先是引进，20世纪40年代起有了自己的特色。1944年，其创造学先驱之一市川龟久弥撰写了《创造性研究的方法》一书，1955年提出等价转换理论，1977年出版了《创造工学》。另一位典型人物丰泽丰雄，提倡"一日一创"活动，先后出版《发明指南》等著作。日本人提出了许多有特色的创造技法，如"KJ法"，"NM法"、"ZK法"、"CBS法"等。

从20世纪80年代始，我国也开始了创造项目和创意技法的研究和普及，并出版了一批书刊。

1.2　问题的提出

我们所说的设计思维实际上是围绕着"问题"来展开的，所谓"问题"是指设计各要素交织在一起时所产生的关系或矛盾。好的设计一定是"问题"的良好协调统一体，问题往往是通过现象与现象、现象与其外部因素的关系表现出来的。研究"问题"的方法通常是历史的、发展的、辩证的、整体的，通过观察问题——分析问题——归纳问题到联想、创造，乃至在全过程中不断评价、修正和解决问题的模式来构筑设计思维，设计的一半依赖于思维，另一半则源自于事物的存在。

1.2.1　信息收集与积累

1. 素材收集

　　在设计素材收集过程中，开始阶段是发散性的收集方式，是以直觉与发散性思维方式为特征的。由于设计灵感保持的时间比较短暂，若不及时记录，便会稍纵即逝。记录的方式大致有图形、文字和符号三种，或规则或潦草，只要自己看得懂就行。

　　思维的过程比我们描述的要复杂。思维可能从第一个阶段直接跳跃到最后一个阶段；也可能是先有了设计构思，再去搜集素材。有一点是可以肯定的，设计的思维离不开资料的收集。

2. 思路的"无序性"

　　为寻找"设计思路"而大量搜集各项"设计素材"的阶段，只是一个不定型的"发展意向"思维阶段。在这个阶段，设计师的思维呈现出"无序性"，大脑还是一张白纸，但设计师却面临着无限空间思维的可能性。它可能是一种风格、一种时尚、一种韵味，如同绘画一般，为寻找"设计意念"而需要大量搜集素材，所以要尽可能地获得相关信息，力求做到详尽而全面。见图1-1~图1-3。

图1-1　设计思维来源于绘画作品的感悟

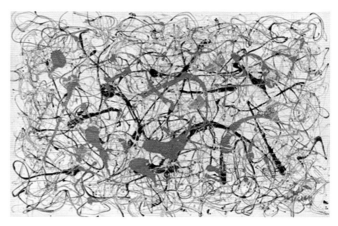

图1-2　新表现风格的绘画同样带来灵感的启发

图1-3　无限空间想象的可能性

3. 资料分析的方法

（1）收集资料的一般方法

描述——对设计项目内容用文字整理。

测量——设计项目现场用测量工具进行测验。

观点——团队设计师的各自看法或设想。

文件——国家政策、法规、公开的资料。

分析——仔细地、合乎逻辑地分析。

（2）获取资料的内容

设计参与者——参加设计的人员。

程序——在研究进程中操作形式以及获得的资料。

情境——项目地点的具体环境、外界的环境与背景资料。

实景——实际现场存在的设施，包括基础设施。

记录——可供以后参考用的高度概括的会议记录。

文档——工程图、文档材料。

信息提供者——提供给设计师个人观点、所需资料的人。

4. 资料收集的基本步骤

（1）阅读资料

设计师首先通读整理过的资料，在阅读的过程中应该保持一种"综合分析"的办法，即把自己的前设和价值判断暂时搁置起来，一切从资料出发，以事实为依据。在阅读过程中还要努力寻求有"价值"的资料，即寻找资料所表达的主题和统帅资料的主线，在对资料产生整体认识的基础上，进一步寻找各部分资料间的区别和联系。

（2）筛选资料

即从大量的资料中抽取出能说明研究问题的核心内容。筛选不是为证明自己设计概念的结论而对资料进行任意取舍，而要依据两个标准：必须能够说明或证明所研究的问题；要考虑资料本身所呈现的特点，如出现的频率、反应的强度和持续的时间，以及资料所表现出的状况和引发的后果等。

（3）解释和价值判断

在确定资料核心内容和主要概念的基础上，建构用来解释资料整体内容的概念框架。对有价值的信息进行分析判断。作为第一手资料，进行片段的记忆与筛选。

5. 素材累积的方法

在一个概念未得到完全落实前，我们时常在几个参考案例中左右筛选，为了能更有效地认可参考的文件，应养成良好的图片收集习惯。经过材料搜集阶段的思维酝酿，若干个设计"思路"在设计师心中逐渐"柳暗花明"，并不断形成初步的"创意思想"；设计师需要对不同的设计构想进行判断与评价，从中找出有发展前景的"思路"并加以确认。信息处理阶段，思维呈现出以抽象的逻辑思维与收敛性思维方式为基本特征的元素积累特征。资料积累有直接资料积累法和间接资料积累法两种：

（1）直接资料积累法

到大自然中去获取第一手资料，室内设计师要训练自己观察生活的能力，处处留意观察生活，从生活中发现那些未被别人发现的事物、事件，哪怕是从极小的，不起眼的事情中发现美、获得创意，见图1-4。还应勤动手记录，用简练的线条记录形象，用简练的文字做补充等。

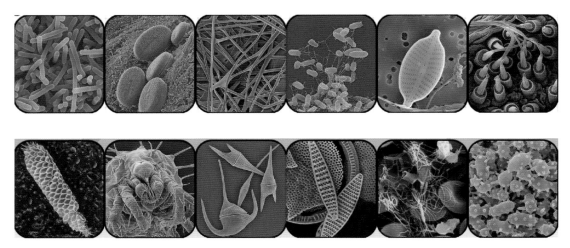

图1-4　微生物、细胞、分子等构成元素的奇特造型与梦幻般的色彩给我们带来设计灵感

以记录的方式将再现和主观处理相结合。再现是为了观察并认识事物的自然特征。

主观处理，一是运用夸张法，对形象的特点进行夸大，使其特征更加鲜明，更具个性。夸张法是在真实性的基础上运用艺术手法的结果，是真实性与艺术性的统一；二是运用省略法，对形象去繁就简，省略无关紧要的细节和次要部分，保留主要的部分，使其形象更概括。省略法是对形象的浓缩和提炼。

（2）间接资料积累法

间接资料包括绘画、录像、幻灯、照片、电影、电视、戏剧、传统艺术、民间艺术和现代艺术等，是别人直接经验的积累，作为我们空间创意设计的间接资料。见图1-5~图1-7。

图1-5 现代艺术的资料　　　　　图1-6 经典创意系列　　　　　图1-7 戏剧艺术的启示

　　如在色彩和造型设计中，从彩陶到青铜器；从石窟壁画到漆器装饰；从织锦色彩到古典园林建筑；从淳朴的民间图案到华丽的宫廷装饰及闻名的敦煌艺术；其中许多都是我们学习和借鉴的最好范本。从中认真研究它们的规律，必将丰富和拓展我们设计的方法和途径。

　　文学、艺术也为设计间接地带来启示。文学言词本身虽不具备可视形象，但它能给人以联想和想象，唤起形象的美感。见图1-8，图1-9。

图1-8 现代艺术给人的创意的联想　　　　　图1-9 在情节中形成初步的创意概念

音乐也同样给我们的空间设计带来间接的启示。音乐与空间是相通的，人们常常形容优美的音乐具有制造空间的美感与节奏感。见图1-10，图1-11。

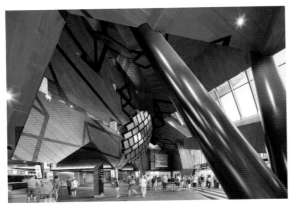 

图1-10　在现代音乐中形成初步的创意概念（一）　　图1-11　在现代音乐中形成初步的创意概念（二）

综上所述，一方面，通过前两个思维过程的酝酿，设计元素得以成型；另一方面，伴随着对"设计问题"的深入研究，设计师又有可能对设计思路做出调整，在此阶段，要求设计师具有收集全面信息来源、根据项目具体特性综合整理的能力。

1.2.2　素材组合、移植、归纳

在收集相关的信息资料中，所记录下来的灵感往往是比较潦草而简单的，也并非每个灵感都适合用到设计案例中去，尤其在记录到众多的灵感时，更要注意对灵感的整理。并对每个灵感的"闪光点"进行整合，把大量的素材及问题进行归纳整理，把不可采纳的信息肢解并移植，由此找到最佳设计灵动的亮点，并归纳为项目方案发展方向。可以说，设计资料整理是对资料进行"去伪存真、去粗取精"的加工过程，是从设计资料收集阶段到设计分析阶段的过渡环节。根据原始资料，可以把设计资料分为可用资料和参考资料两类，性质不同的资料所对应的整理过程和方法也有所不同。

1. 分析与归纳

设计一般根据已定的主题来确定研究方法，列出需要收集的资料种类，然后找出这些资料的大致来源。是采用描述、测验、考试，还是其他形式去收集资料，需要设计师根据研究目的和需要确定收集资料的方法。

（1）分析和综合

分析和综合是方向相反的两种思维形式。分析是在思维中把设计对象分解为不同的方面、因素、层次、部分，然后进行分别的归纳整理。由于室内设计本身的复杂性，我们很难一开始就能从整体上对它有深刻的把握，而必须在把研究对象逐步分解的基础上再进行整合，力求把握部分对象的本质及他们之间的联系。把对研究对象各个部分、方面、因素、层次的认识在思维中结合起来，探明空间的结构机理和动态功能，形成整体性认识。分析的最终目的是综合。

（2）归纳和演绎

归纳是从个别事实和直接经验分析开始，推演出有关设计本身的一般属性和本质特征的思维方法。归纳法可分为完全归纳法和不完全归纳法，由于设计本身的复杂性、多样性，归纳方法又分为枚举法和科学归纳法两种。枚举法是通过列举有代表性的设计案例来证实研究结论的方法。科学归纳法就是对某一门类的部分本质属性和因果关系进行分析，得出研究结论的推理方法。就设计而言，是对设计功能根本属性的运营成本结果进行全面分析。所以，它所得出结论的可靠性程度较高。

2. 项目信息量的整合（图1-12）

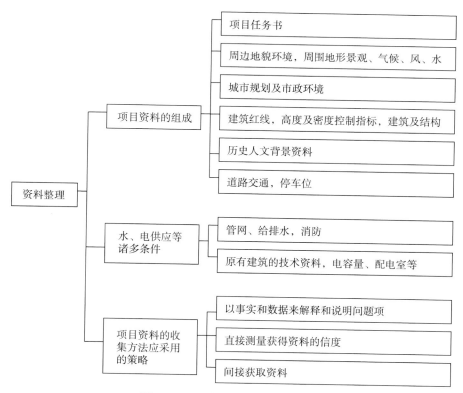

图1-12　项目信息量的整合示意图

3. 项目信息量内容的可行性

1）项目任务书或策划书，或是项目招标文件可行性。

2）项目建筑原始图纸，包括设备隐蔽图纸可行性。

3）业主的特殊要求，谈判记录，具体要求的可信程度。

4. 素材的组合、移植、归纳

1）环境人文资料，城市发展及城市文化；

2）相关边缘领域文献，包括音乐、诗歌、文学、大师作品等；

3）自然、气象、水、声光学科。见图1-13~图1-16。

图1-13　以植物为元素的设计来源　　　　　图1-14　不断追求人性本源"家"的设计

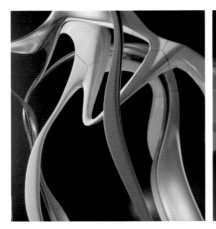
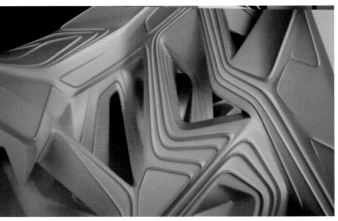

图1-15　飘逸造型给人以想象　　　　　　　图1-16　自然、气象给人以启示

4）具象联想符号、数字、器官、器形及物象。

信息量的整合阶段，也是设计的前期及萌芽期，需要设计师通过相应素材的整理，把握装饰设计主题性及设计概念的完整性。见图1-17，图1-18。明确项目的目的性，宏观地分析空间设计的科学性、规律性、规范性，从人文角度出发，掌握现代功能设施新的观念。从功能空间延伸地域性、文化性的研究，并分析其发展过程。

图1-17　声光元素的想象

图1-18　自然元素的山脉联想

在信息量整合的过程中，思维形式不受常规思维定式的局限。综合创作的主题、内容、对象等多方面的因素，以此作为思维空间中的一个个中心点，向外发散或吸收，诸如艺术风格、民族习俗、社会潮流等一切可能借鉴吸收的要素，将其综合在自己的艺术思维中。

5. 设计元素的提取

设计元素可以是多元的、多变的，形式可以百花齐放、千姿百态。但是无论怎么变化，它都必须按照美学规律去创造，即采用对比、均衡、韵律、和谐等美的原则去综合整体的运用，即"整体——部分——整体"的原则，从整体意向效果出发，时时处处都将整体造型与装饰的客观关系放在首位。其次才是各部分的具体设计。

1.2.3　主题性概念

在思维整合过程中，经过材料搜集阶段的酝酿，若干个设计"思路"在设计师心中逐渐凸显，并逐步形成初步的"主题"；设计师需要对不同的设计构想进行判断与评价，从中找出有发展前景的"创意思想"并加以确认。信息处理阶段，思维呈现出以抽象、逻辑思维与收敛性思维方式为主题的基本概念特征的思维阶段。同时，对设计进行周密的调查与策划，分析出客户的具体要求及方案意图，以及整个方案的地域特征、文化内涵等，再加之设计师独有的思维素质从而产生一连串的设计创意，才能在诸多的想法与构思上提炼出最准确的设计主题，并以其为主线贯穿设计的全部过程。

1. 主题性

室内空间的主题性概念就是创造设计师自身意境空间，以及自身修养的完整体现。从设计的自身意义分析，空间的功能性是设计师首先考虑的，然而象征着精神气质的主题内涵，则是体现设计品质的一个重要环节，用于表达空间的本质特征、目的及潜在特点，赋予特定区域超出功能之外的特殊意义，即场所精神。由于主题的介入，使室内空间产生了场的效应，并借助于设计元素、设计符号的象征意义叙述着空间的思想和情感。而主题的选择反映了各种不同的情趣爱好和审美倾向，人们对相同空间的体验和感受不同，文化背景、知识层次、生活环境的差异造成了各自不同的生活态度。因此，空间主题的定位应该是多层面的，有大自然淳朴之美的主题表现，有都市时尚的主题表现，有人文景观和历史文化内涵的主题表现，有自由、轻松、休闲的主题表现等。人们在空间中体会着文化的差异，体会着空间的抽象情绪，从而进行着人与空间的对话，实现人与环境的真正统一。

2. 主题性的特征

这种在满足使用功能基础上的情感交流，给功能空间增加了新的附加值，显现着文化内涵的主题创意综合体现了空间设计价值的重要特征。

其中，空间主题完整性和鲜明性则依赖于空间合理布局、空间形态架构、色彩搭配组合、材料并置选择以及陈设、装饰品等各要素之间的选择与搭配，取决于室内空间中诸要素彼此之间主从呼应、有张有弛的协调因素，如果强调了某一元素在塑造空间主题氛围中占据主导环节，那么此时则更需要有章法地、合理地配合运用其它因素。针对设计师的更高标准而言，主题空间的协调性与鲜明性是设计者对主题空间创意表达能力以及综合文化知识素养的充分体现。见图1-19~图1-21。

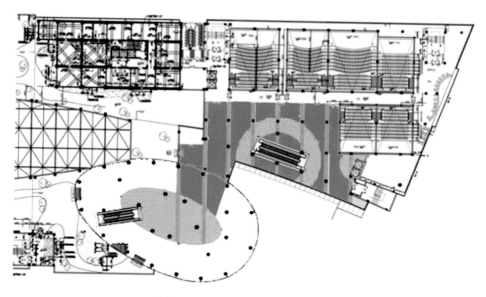

图1-19　主题性的平面架构形式

图1-20　主题性的空间形态架构形式（一）

图1-21　主题性的空间形态架构形式（二）

1.2.4　整体性概念

在设计思维过程中，还要考虑设计的整体协调性问题。黑格尔总结为："要使建筑结构适合于环境，要注意到气候，地位和四周的自然风光，在结合目的来考虑的一切因素中，创造出一个自由的统一的整体，这就是建筑的普遍课题。"

整体感主要是指室内环境之间的协调，包括造型、色彩、灯光和结构的协调，还指室内与环境的协调。分析是在将整体的组合成分上从原理、材料、结构、工艺、技术、工艺、形式等不同角度来观察。

1. 整体感的特性：

1）形式符合内容的要求，即内容与表现形式的统一。
2）造型特征的统一，主次得当，不琐碎杂乱。
3）色彩的统一和谐。
4）表现风格和手法的统一。
5）局部与整体牵一发而动全局的关系。

设计师要创造意境，必须着意于作品具有启发和引导欣赏者进行丰富想象和联想的力量，这种力量一旦形成，欣赏者就会凭借它展开想象的翅膀，达到理想的境地，作品才能发挥其熏陶、感染，潜移默化的精神作用。使空间创造出意境，主要是作用于人的"通感"，通过视觉作用到身体和心理，如梅是酸的，雪是凉的。空间的整体感传达出一定的意境，如统一的蓝紫色调给人以冷静、深远的意境；整体的红黄色调传达给人以秋意昂然的意境等，缺乏整体感就无法创造出空间的意境。

2. 整体性的组合规律，见表1

表1　整体性的组合规律

博	知识框架	体现为学科交织，缜密错综的知识网络
约	横轴	横轴上知识体系的构图重心要突出清晰。
深	纵轴	纵轴上高低层级结合紧密，高层级指导低层级，底层级反馈充实高层级。
美	纵横结合	横轴情理互补，纵轴高低结合，体系高度协调。

3. 整体性的合理分配

在各种设计元素里，合理的安排与运用最为重要。因为宽敞的环境带给人舒适自然的感受，所以着重视觉上的空旷感、间隔上的妥善分配，就是其处理环境的重要手法之一。其次是物料的选取和色彩的组合。物料的选取主要取决于环境因素，至于色彩的组合，设计师可根据个人偏爱的色调，在想象的背景下，保证有利于营造气氛和突显特殊的设计风格即可。

从整体观念上来理解，设计应该看成是系列中的"链中一环"。设计的"里"和室外环境的"外"，可以说是一对相辅相成"辩证统一"的矛盾空间，正是为了更深入地做好室内设计，就愈加需要对环境整体有足够的了解和分析，着手于室内，但着眼于"室外"。见图1-22，图1-23。

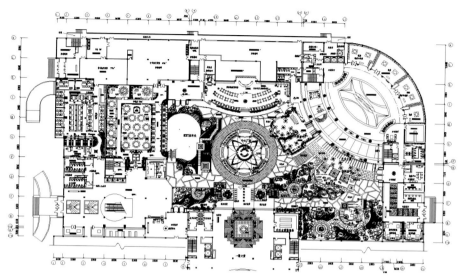

图1-22　合理的室内外环境空间联系

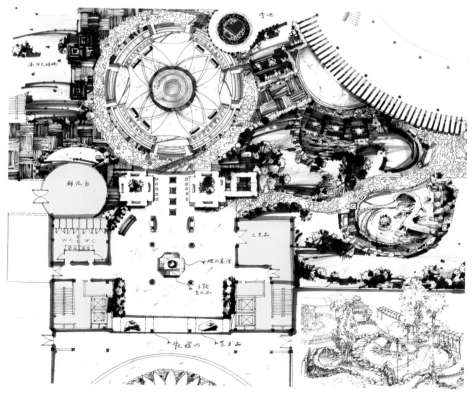

图1-23　合理的室内外环境及色彩组合

当前室内设计的弊病是设计作品相互类同，很少有创新和个性，对环境整体缺乏必要的了解和研究，从而使设计的依据也很一般，设计构思局限封闭。看来，忽视环境与室内设计关系的分析，也是重要的原因之一。

设计师同时还要对以下内容加以了解，见图1-24。

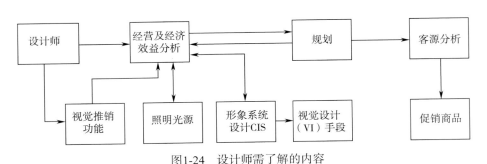

图1-24　设计师需了解的内容

1.3　面对客户群与使用人群

如何处理与客户之间的关系是每个设计师必须面对的问题，因此在设计前必须与客户进行深入的沟通，了解他的性格、生活习惯等，因为设计的最终结果是供客户使用，所以设计中虽然有个人的风格，但一定要符合客户的个人喜好，"室内设计的首要目标在于满足客户生活的基本需要。"与客户的关系是一个从认识到了解，最终达成共识的过程。

1. 设计师与客户需表达的内容（图1-25）

2. 客户的特殊性

客户的特殊性对于设计师来说是

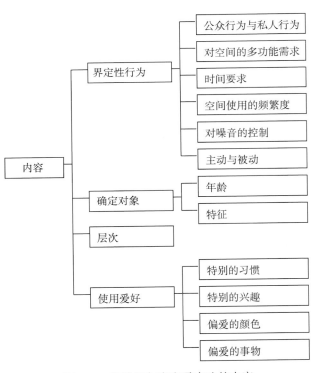

图1-25　设计师与客户需表达的内容

一个挑战，因为每个客户一定会有不同的要求。设计师所能做的就是将自己的设计概念详尽地解释给客户听，与客户进行沟通，尽量在动工之前让客户了解我们的想法。因为设计很难直观地向客户解释清楚，所以好的设计师还有一个技能就是懂得表达。无论做谁的设计，都必须很认真。靠沟通、阐述、变通，找到合适的方法。不用太触目，但一定要够经典、够个性。遇到很麻烦的要求时，就要灵活应变，因为处理设计的手法有很多，也可以借力打力用其他东西来配合客户的要求，这种能力往往需要经验和灵感来解决。

3. 设计师的自身素质

设计师的设计作品能否被业主接受，与客户的谈判是否获得成功，有效的办法就是用头脑与智慧的付出，才能换来成功代价。在面对客户交流设计过程中，设计师采取不同的技巧所得到客户的评价也截然不同，通常造成这种评价的原因来自设计师自身。优秀的设计师在与客户沟通中会给客户留下较好或较高的评价，而反之能力缺乏的设计师在与客户沟通中会给客户留下许多误解，使顾客对此失去信心。其次，所有的设计师都要学会自我推荐，在实际谈判中客户最关心的是设计方案的创意效果、产品价格、工程质量，所以我们要让客户全面了解设计师自身的能量及创意思想。

4. 设计师的品位

所谓品位是有多种形态的，就像不同的风格与质感都有人去喜爱追求一样，但重要的是要能得到超越形式表面所呈现的或感官所感受到的那个"言外之意"。这个"言外之意"是属于精神的、有价值的、象征性的、形而上的。就室内设计而言，可以说是经过经营之后所得到的一种恰如其分的表现，而这种表现必然可以带给人一种高雅的、智慧的、美感的、令人愉悦的感觉。

其次，品位是要求适当，适当就像古人宋玉形容佳人所说的："增一分则太长，减一分则太短。"也就是要不多不少，恰如其分。只要恰如其分地表现出个人品味的要求，就可以得到业主的喜爱。而要具备这些修养，设计师就得多去接触文学艺术。潜心读书、静听音乐、欣赏戏剧、舞蹈、观赏美术馆、博物馆等，考察文物古迹。所谓"博古通今、见闻广博"就是需要设计师感悟自然，体验地域文化；勇于超越，勇于尝试，这样，设计师的文化品位和生活体验，会随着时间的推移，不断地在心灵中积淀、提炼、成长。

同时，设计项目不是一桩草率的事情，是需要一段设计过程的经营，是与业主相互感应的互动过程，是一个孕育成果的历程，所以，提升业主的品位很重要，设计方案常常会迂回曲折、反复修正，才能达到双方都满意的结果。

1.3.1 沟通、交流、融合

根据不同类型的客户，设计师可以采用不同的交流手段，以达到既满足客户要求又体现设计师思想的效果。首先，根据不同客户开发项目的性质，针对不同类型的客户，设计师要找到突破口跟他沟通。例如听觉型客户，就要多讲设计的信息，让他通过听觉了解设计师的思想；而视觉型的客户就要设计师多画图，多做图解说明，以达到沟通的目的。

1. 项目的性质

客户与开发商是指发起项目、并组合运行项目所需的各种资料（场地、资金、专门投入）的个人或组织。客户与开发商可以是个体（酒店老板、企业家）、公司（开发公司、酒店集团）或公共组织（当地政府或政府机构）。客户与开发商的要求与技术性指导很大程度上取决于其经验和专业技能。

客户与开发商一般是聘请公共代理机构和现有管理公司作为项目的代理机构，并对市场调查、经营选址、顾问指导来进行收集和信息汇总，并准备详尽的情况说明会和商业计划书，对项目实行监控。有代表性的重点规划项目可以公开邀请竞标者参与设计，但更常见的是，竞标者来自于那些竞选过的建筑商和顾问团。

2. 项目的规模

项目的规模是客户与开发商最早遇到也是容易感到困惑的问题。在建设项目成败的决定性因素当中，规模的设定看似简单，实则却与一系列项目相关的评估和计算有关，牵一发而动全身。项目的规模策划与定位的正确与否，在很大程度上制约着项目的整体合理性，更直接关系着项目未来的生存与发展。

项目的规模的内容：

1）项目投资规模。包括企业形象、规格、档次与级别的设定；项目投资总额（包括资金成本和工期成本）的确定。

2）项目建设规模。包括项目用地总面积的确定；项目总建筑面积的设定；项目建筑体形、体量、体位的设想。

这里有一个"量体裁衣"的法则：投资规模由市场评估而来，建设规模由投资规模而定。当然，市场评估中还包括客源调查、社会与环境研究、地理位置分析等几项内容。投资规模问题中也包括资金成本计算、投资回报周期和风险系数等不少议题。

综上所述，项目规模的定位既有原则性，又有灵活性；既是绝对的，又是相对的。

对项目规模问题的思考、判断和评估是设计师最早也是最重要的工作之一。

3. 针对性的设计

通常比较普遍存在的问题是，不少客户不了解自己的需求，也不清楚美学的特征，所以往往盲目地制定一些不太合理的要求，比如单纯模仿欧美的风格，而不考虑项目整体规模和功能规模等。因此，当客户提出要求和审批方案时，设计师应从不同的角度来看，尽量发挥创意。特别是城市的居住和工作空间都很紧张的状况下，设计师更应该处理好与客户的关系，务求每寸空间都能得以合理利用，都能使客户满意。

1.3.2 了解客户

设计师自己的审美观念和标准是不能强加于客户的，而是要在满足客户与开发商提出的条件下，再加入自己的设计理念，通过适当的处理手法，营造出别具风格的生活环境。比如有的客户与开发商爱好旅行，就要注意在设计中加入异国的元素；有的客户爱好茶道，就要注意在设计中营造和设置茶室。

1. 客户喜好

了解客户喜好包括以下方面，见图1-26。

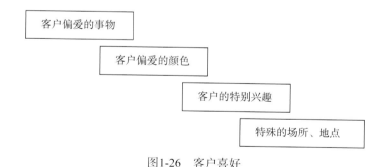

图1-26　客户喜好

2. 设计的引导

在设计师与业主沟通的过程中，必须具备"通才"的本领，因为"室内设计就是生活设计"，人们需要怎样的生活，你就要为他们安排怎样的空间。并且在这个空间内，应当让他们体验到有意义或进步的生活方式。这就需要设计师具备丰富的生活经验和优雅的文化品位。拥有这些条件，设计师才能理解业主不同层次的需求，才能协助引导他们去建立一个合乎他们需要且具有个性特色的生活空间，同时也可以把自己的设计意图表现出来。

1.3.3　客户要求

生命在于探索，所以设计也在不断探索前进中。如何把心中"灵感"表现出来，关键在于"心里所想"的是什么？尝试让脑子清晰地去看到每一个意念的起伏，如果还没认识到自己是否真能够欣赏某个空间，那么"创作"出来的空间自然就与自己的想法接不上了。先从自我深层的对话，才有空间实相的产出。至此，作为设计师要正确看待客户的要求，把客户的需求与自己的设计有机结合在一起。

设计过程需要抓住主要环节。要求设计师具备敏锐的洞察力，透过纷乱的表象来洞察问题的本质。抓住主要矛盾，就已经解决了问题的一半。重点体现在，一是确定业主最关心的问题，二是针对业主关心的问题进行价值取向与判断。

同时，设计主要矛盾的产生，是因为设计创意不符合业主需求。包括设计思路缺乏创新；造型语言无序；功能与形态过渡不当；工艺性与型性的矛盾；形态受力不合理；使用方式与结构原理不协调等因素。

在设计阶段，最需要设计师与业主进行有效的沟通和交流，从而建立一个良好的合作平台。设计师考虑的因素除了各种有关的限制条件、设计规范、文化背景、地段特点等"静态"因素外，还有一个非常重要的部分——业主。这是"动态"的部分．是最不容易掌控但却必须掌控的因素。

第 2 章

设计构思

2.1　理解设计

设计是人类大脑的灵动反应，是人类智慧海纳百川的无限境界。灵动的思维是设计的本质，只有思维的灵动才能在设计时产生无边无际的想象空间，只有灵动的思维才有群策群力的快感。设计也是一种做人的态度。变中求通、通中求变，是创意设计的思维结构。而独特的思维角度才是设计者通变的能力，日新月异是设计师的原则。设计也是设计师针对设计所产生的诸多感性思维进行归纳与精炼所产生的思维总结，其内容包括设计师对将要进行设计的方案做出的周密调查与策划，分析出客户的具体要求及方案意图，以及整个方案的目的意图、地域特征、文化内涵等，以及设计师由此通过各自独有的思维产生的一连串的设计想法，并在诸多想法与构思的基础上提炼出来最为准确的设计概念。

2.1.1　思维结构与创造能力

思维创意的概念见图2-1。

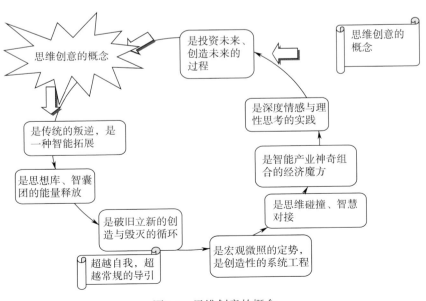

图2-1　思维创意的概念

1. 设计思维

"思维决定行为"，设计的最终结果是对设计师复杂思维活动的直接反映。决定设计结果有所差异的根本原因在于设计师的思维方式与表达手段的不同。对事物的理解，是按照个人的观点来组织与实施，因而，对于室内设计而言，最本质性问题是设计思维方式的更换、改变、加工、组织，以形成最佳的构成因子来发展意念。

思维是一种精神活动，是人类大脑对信息加工与处理的过程，思维的分类见图2-2。

开发人类右脑的"六感"：设计感、故事感、交响能力、共情能力、娱乐感、探寻意义。创新思维来自于模仿的思考和联想的思考，见图2-3。

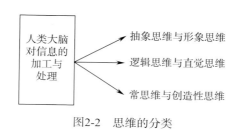

图2-2　思维的分类

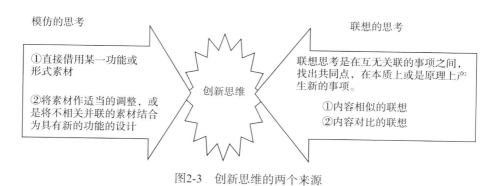

图2-3　创新思维的两个来源

2. 思维创意的概念

爱因斯坦说"想象力比知识更重要，因为知识是有限的，而想象力概括世界上的一切，推动着世界的进步，并且是知识进化的源泉"。

创意是设计的灵魂，它通过逻辑思维到形象思维的转变，使抽象的理念向具象的图、文、声转化。设计师要从宏观、整体和系统的角度去认识设计和进行创造，并在自我完善中逐渐寻觅到设计创意发展更有生命力的替换性思路。包含创意过程、创造成果、创意环境、创造力及实践经验等。对于创造性设计思维而言，创新是其本质要求，因而设计与创新密不可分。可以概括为创意性设计思维是室内设计的本源。室内设计不只是结果，更是一种过程，是一种特定的动态的思维过程，充满了个性与创造力。室内设计是人类一项十分复杂的社会行为，作为室内设计师，要有清醒的认识和理解。

3. 思维创意的原则

1）思维创意是旧因素的新组合，可称之为"万花筒"，就像一个装了彩色玻璃碎片的筒，每转一下就会变成新的搭配显现出新的花样。而且由成千上万种人搭配。创意灵感亦是新的花样，有创意力的头脑就是花样制造机，将设计信息与从大千世界中提炼的知识和经验相结合。

2）思维创意是驾驭事物关联的能力之上，在一般人的眼中，每件事都是独立的、琐碎的，而对于有创意能力的设计师来说，事实是知识链上连接的某一环。从羽毛的温顺联系到软包的柔软；精巧的鸟笼看似随意却有深意的猜想；空间的形状像可以消遣整个午后时光的咖啡馆；因此，培养发现事物关联的能力并使之成为习惯，可以认知的意念为那些与创意有关的人员及无关人员，设计出一种评判标准，可以判断创意是否存在及创意如何等？以北京瑜舍酒店设计为例，日本设计师隈研吾在设计的过程里，把"中国之梦"鱼线、马蹄袖、云纹，来并联一帘"中国之梦"，酒店大堂的中药柜是众多贵客眼中的新宠，极富创意与贵气，来自各个艺术家的艺术品让整个酒店大厅显得意味深长。

2.1.2　叙述、感性、说服、创新

思维作为我们认识世界、改造世界，创造物质文明和精神文明的源泉，虽然存在于人们的一切活动之中，并通过其表现出来。但由于诱发思维产生和出现条件的差异性，使得人们的思维在其形式方面具有某些不同，这些不同的思维形式表现出各自的特征。见图2-4，图2-5。一般而言，思维形式包括了价值观、思维过程、思维形式或推论形式

图2-4　思维形式表现的空间特征

图2-5 思维形式表现出空间的差异性

三大部分。最有代表性的是把思维形式分为：抽象思维（理性思维或科学思维）、形象（感性）思维、与灵感（顿悟）思维即创造性思维几种形式。

1. 叙述思维

设计师的设计思维模式是以讲故事的方式来陈述其设计作品，其中包含了设计师的个人价值观在通过讲故事的形式对使用者进行软性说服（催眠），以此来增加设计作品的隐喻效果。

2. 感性思维

以如何增加设计作品的感染力为主要诉求点，因为一件设计作品若能引起使用者的认同，即是成功的作品。

3. 说服思维

当业主对于设计作品仍存有疑虑时，设计师必须要通过设计手法对作品赋予感染力，进而产生说服力。

4. 创新思维

设计的构思和设想如果能够把握创新的原则，就可以让使用者耳目一新，并且，拥有创新思维的设计才是设计师所追求的。

2.1.3　原创、多向、想象、突变

1. 原创

"世界上最著名的、最富创造力的设计界领袖们有着某些共同特质：他们总是追求原创性设计；他们总是永远尊敬那些有真才实学的人；他们总是不懈地追求完美，而自觉前行。"——马特·马图斯

新的设计理念和新的设计思想，以及在这种新理念和新思想指引下所产生的设计，是设计师通过适当的符号和空间的载体才得以实现的，在首次出现时，往往打上了创造者的烙印，这就是原创性的特点。原创性要求人们敢于对"司空见惯"或"完美无缺"的事物提出质疑，敢于向传统的陈规旧习挑战，敢于否定自己思想上的"框框"，从新的角度认识和分析问题。

室内设计的原创性思维过程所要解决的问题，是不能用常规、传统的方式来解决的。而需重新审视和组织，产生独特、新颖的"亮点"。"原"强调原始，从前没有的性质，"创"则凸显时间上的初始，新的记录。对于设计原创性的描述应该是"新的使用方法"、"新的材料运用"、"新的结构体系"、"新的价值观念"等，这就要求设计师在空间功能设计时，把更多的精力投入到"用"的环节上。在"新材料的开发"环节、"新结构的实验"环节以及"新观念的表达"环节中，寻找空间设计的依据，从而避免抄袭、拼贴等不良现象的出现，用这种解决问题的方法和思路来思考设计中存在的问题，有利于设计师创造性思维的开发。见图2-6，图2-7。

2. 多向

室内设计中的创造性思维又是一种连动思维，它引导人们由已知探索未知。连动思维表现为纵向、横向和逆向连动。纵向连动是指针对某现象或问题进行纵深思考，探询其本质而得到新的启发。横向连动则是通过某一现象联想到与它具有相似或相关特点的事物，从而得到该现象的新应用。逆向连动则是针对现象、问题或解法，分析其相反的方面，从顺推到逆推，从另一角度探索新的途径。

室内设计要求向多个方向发展，寻求新的思路。可以从一点向多个方向扩散；也可以从不同角度对同一个问题进行思考、解决。

图2-6　整个空间体现出新材料的运用　　　　　图2-7　以新观念为设计灵感的设计

3. 想象

室内设计要求设计者善于想象、善于结合以往的知识和经验在头脑里形成的新形象，并把观念的东西形象化。爱因斯坦有一句名言："想象力比知识更重要，因为知识是有限的，而想象力概括着世界上的一切，推动着进步，并且是知识进化的源泉。"只有善于想象，才有可能跳出现有的圈子，才有可能创新。

4. 突变

室内设计中的直觉思维、灵感思维是在设计创造中出现的一种突如其来的领悟或理解。它往往表现为思维逻辑的中断，思想的飞跃，突然闪现出一种新设想、新观念，使对问题的思考突破原有的框架，从而使问题得以解决。见图2-8，图2-9。

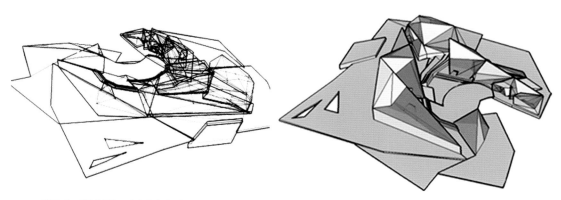

图2-8　新创意、新观念的突破（一）　　　　　图2-9　新创意、新观念的突破（二）

2.2　灵感来源

所谓灵感就是指思维过程中，在特殊精神状态下突然产生的一种领悟式的飞跃。也是在创作活动中，人的大脑皮质高度兴奋的一种特殊的心理状态和思维形式，是在一定的抽象或形象思维的基础上突如其来地产生出新概念或新形象的顿悟式思维形式。灵感的萌发是主观与客观相互作用的结果，灵感是对客观事物本质的洞察，艺术典型是对生活原型本质的洞察后塑造出来的，任何科学发展都是根据这一规律而产生的。袁隆平曾说："灵感是知识、经验、追求、思索与智慧综合在一起而升华了的产物。"

要想获得创造灵感，就要积累丰富的知识及经验，有一双善于发现的眼睛和灵敏的观察力，不断培养创造性思维能力。深入研究激发创造灵感的学习方式，这对开发智力资源，培养大批创造性人才具有重要意义。优化学习素质是激发创造灵感的必要条件，塑造健全人格是激发创造灵感的重要前提。

2.2.1　灵感的点化、启示、遐想

1. 点化

指在平日阅读或交谈中，偶然得到他人思想启示而出现的灵感。例如，火箭专家库佐寥夫为解决火箭上天的推力问题，通过妻子的一番话，而最终达到了解决的目的。

2. 启示

即通过某种事件或现象原型的启示，激发创造性灵感。如科研人员从科幻作家儒勒·凡尔纳描绘的"机器岛"原型得到启示，产生了研制潜水艇的设想，并获得成功。

3. 创造性梦幻型

即是从梦中情景获得有益的"答案"，推动创造的进程。睡眠之时，常常伴有灵感出现。见图2-10。

4. 遐想

据资料记载有人曾对821名发明家作过调查，发现在休闲场合，产生灵感的比例较高。从科学史看，在乘车、坐船、钓鱼、散步，或睡梦中都可能会涌现灵感，给人提供新的设想。德国物理学家亥姆霍兹说：在对问题做了各方面的研究以后，"巧妙的设想不费吹灰之力意外地到来，犹如灵感。"他发觉这些思想并不是在精神疲惫或是伏案工作的时候产生，而往往就是在一夜酣睡之后的早上或是当天气晴朗缓步攀登树木葱茏的小山之时而萌发。这些思维活动被我们称之为无意识遐想。即在紧张工作之余，大脑处于无意识的宽松休闲情况下而产生灵感。

图2-10　梦中情景获得的灵感

2.2.2　灵感的突发、亢奋、创造

1. 突发

即不期而至，偶然突发。从灵感的产生的情形来看，它不期而来，不招而至，偶然突发。灵感在什么时候、什么地方、什么条件下产生，是作家不能预料和控制的。它可能在看过千百遍的事物中的某次被触发，可能在清醒并艰苦的艺术构思中突然来临，甚至也可能在梦幻状态的下意识中闪现。而且一旦被触发或突然来临和闪现，文思如潮，左右逢源，妙笔生辉，会产生出似乎连自己也意想不到的结果。

"一个灵感不会在一个人身上发生两次，而同一个灵感更不会在两个人身上同时发生"——别林斯基。灵感在设计过程中不期而至、偶然发生；设计师无法准确预料灵感在何时何地何种条件下产生；也很难控制灵感发生时的情感和理智，而是不由自主地被灵感牵引着。灵感发生时，通常是设计师创作精神状态最集中、最紧张的时候，甚至会出现"物我两忘"的状态，这是设计方案灵感到来的标志。见图2-11。

2. 亢奋

即亢奋专注、迷狂紧张。从灵感出现后的精神状态来看，它具有亢奋专注、迷狂紧张的特点，甚至达到入迷而忘我的境地，以至有人把它看作是一种"疯狂"或"迷狂"。其实，所谓迷狂状态，就是灵感出现之后高度专注敏捷、极度的亢奋紧张状态，并非真正的迷狂，而是作家在创作中废寝忘食、聚精会神于艺术形象的创造，暂时地沉于其中而撇开了周围环境中的一切，以致完全"忘我"。

图2-11　灵感的出现就在不经意的一瞬间

3. 超常

从灵感的功能来看，它具有超常独特、富于创造的特点。所谓超常，是指灵感既不是常规思维所能控纵自如的，也不同于常规思维的一般逻辑进程和普通效能，而是"异军突起"，效能特异。所谓独特，是指灵感状态有着特殊发现和特殊表现的功能，它的出现是不可预测的、超常的，独特的造型营造出了一种超出常规的视觉感受。见图2-12，图2-13。

图2-12　超常独特的结构体系（一）

图2-13　超常独特的结构体系（二）

2.2.3　灵感的引发

作为演员，要演好不同的角色，就需要在现实生活中体验不同角色的扮演，也可以从别人的经验、媒体上所得到的知识以及凭借想象去了解不同人、不同类型的生活方式。设计师更需要充分体验生活，用心感受生活，用心设计，就能了解到很多不同的生活方式。从生活的体验、对自然的热爱，吸收各方面的资源，到不同的地方考察或旅游，透过游历观赏不同地方的设计和艺术，启发对生活的感悟。

设计灵感的引发，需要摆脱习惯性思维的束缚，通常人们常以固有的习惯性思维模式，来对某些事物做出判断，思维方式的不同决定了对事物认识表现上的差异。在设计创意中，我们常常能够体会到这种由思想变化所产生的不同创意行为所引出的艺术形态。显示在生活和设计创意中，我们一般不太容易感受到习惯性思维对创意产生的影响，往往从个人习惯思维出发，按照由个人特定的生活环境、生活阅历、生活习惯和生活经验等因素所形成的思维特点来对新事物及艺术形态进行判断。习惯性思维会把在历史上已经盖棺定论的结论看作是设计创意的基本规律，而从不反思艺术表现精神的本质含义。可见遵循规范化的表现过程也就是逐渐形成个人对艺术认识上的习惯性思维过程。如果我们不能以发展变化的观点来看待艺术表达，那么在艺术表现上就会循规蹈矩，无法施展和释放出个人在表现上的创造能力。按固有的思路去考虑问题，常常会思维迟钝、反应迟缓，阻碍我们去寻找新事物的答案，有人称这种习惯性思维是"关闭了自己解决问题的大门"。在这种状态下，我们应该打破常规，换位思考，这对摆脱习惯性思维很有帮助，喜新厌旧，也不见得完全就是坏事，阶段性地再来思考老问题，可能就会产生出许多新的思路。

1. 观察分析

在进行科技创新的过程中，自始至终都离不开观察分析。观察，不是一般的观看，而是有目的、有计划、有步骤、有选择地去观看和考察事物。通过深入观察，可以从平常的现象中发现不平常的东西，可以从表面上貌似无关的东西中发现相似点。在观察的同时必须进行分析，只有在观察的基础上进行分析，才能引发灵感，形成创造性的认识。

2. 启发联想

新认识是在已有认识的基础上发展起来的。旧与新或已知与未知的连接是产生新认识的关键。因此，要创新，就需要联想，以便从联想中受到启发、引发灵感，并形成创造性认识。

3. 实践激发

实践是创意的阵地，是灵感产生的源泉。在实践激发中，包括现实实践的激发和过去实践体会的升华。各项科技成果的获得，都离不开实践的推动。在实践活动的过程中，迫切解决问题的需要就促使人们去积极地思考问题、废寝忘食地去钻研探索。因此，在实践中思考问题、提出问题、解决问题是引发灵感的好方法。正如泰勒所说："具有丰富知识和经验的人，比只有一种知识和经验的人更容易产生新的联想和独到见解。"

4. 激情冲动

积极的激情，能够调动全身心的巨大潜力去创造性地解决问题。在激情冲动的情况下，可以增强注意力、丰富想象力、提高记忆力、加深理解力。从而使人迸发出一种强烈的、不可遏止的创造冲动，并且表现为自动地按照客观事物的规律办事，是建立在准备阶段里经过反复探索的基础之上的。也就是说，激情冲动，也可以引发灵感。见图2-14，图2-15。

图2-14　丰富想象力的空间（一）　　　　图2-15　丰富想象力的空间（二）

爱因斯坦有一次和朋友共进午餐之时，一起讨论问题，忽然获得灵感，他一时找不到纸，就把公式写在崭新的桌布上。一次，奥地利著名作曲家约翰·施特劳斯正在餐馆吃饭，忽然一段音乐灵感袭来，他由于一时找不到现成的纸，便在自己的衬衣袖子上写起来。灵感的催动，使他似有神助，衬衣上的一首就是后来传世名曲：《蓝色多瑙河》。

5.判断推理

判断与推理有着密切的联系，这种联系表现为推理由判断组成，而判断的形成又依赖于推理。推理是从现有判断中获得新判断的过程。因此，在科技创新的活动中，对于新发现或新产生的事物的判断，也是引发灵感，形成创造性认识的过程。所以，判断推理也是引发灵感的一种方法。

上述几种方法，是相互联系、相互影响的。在引发灵感的过程中，不是只用一种方法，有时是以一种方法为主，其他方法交叉运用的。

2.2.4 感悟自然

西方有位著名的理论家曾说："最感人且最实用的东西来源于自然"，设计本身应像空间环境里面生出来的一样。

大自然赋予人类广袤富有的生存空间，并且孕育了机能多样、完美的造型，自然是感性同时也是理性的，自然物的存在和运动都有一定的结构、形式和秩序，其中蕴含并体现一定的自然规律。对自然形态的观察是建筑及相关设施空间形态设计的原动力，也是探寻结构奥秘的重要途径。对于自然形态应用在科学及建筑上，是极具价值的启示或样本。纵观设计史中的建筑大师们，他们的传世佳作中，相当一部分的灵感及创作素材来源于自然。如古希腊建筑中的多立克柱头形式，是根据地中海中的海螺形态设计的；建筑师帕克斯顿受到叶子的启发，设计构思了著名的水晶宫，建筑由钢架和玻璃构成，全部为预制构件，在现场进行装配，展厅结构轻巧、宽敞明亮，在建筑史上具有跨时代的意义；美国著名建筑师赖特根据贝壳的结构原理，将纽约古根海姆美术馆建成一座螺旋形的结构造型，在结构和形态空间动线方面比以往展馆均有突破。随着科学技术的发展和新材料的不断问世，建筑结构上增加了自由度，扩大了结构形态的可能性。

在自然中，我们可以找到解决实际设计问题的方法，同时能改变我们对美与价值的概念理解。"让灵感自由释放，创造一个心灵渴望的空间"，给设计赋予生命的意义。

1. 自然元素

自然界中很多元素都是我们设计师进行设计的灵感来源。比如植物、动物皮毛、图文、海洋、山川等等。大自然的巧妙，不单是用"设计"两个字可以形容的。当我们置身于美丽的大自然中，想象、观看、感悟自然的力量，通过对风、雨、阴晴、日出日落、春秋四季、花鸟虫鱼、山川河流等自然景物和自然现象的观察，积累设计素材。独特的自然造型与和谐色调会给设计师带来灵感启发。见图2-16~图2-22。

图2-16　叶片的色调与造型的启发

图2-17　叶脉与叶片相互融合

图2-18　独特的动物造型

图2-19　独特的植物造型

设计源于自然且高于自然，并为人类服务。人类自有意识的创造活动以来，自始至终不断地从自然中学习，从自然元素中汲取灵感。人类模仿自然并不是单纯照搬，而是模拟万物的生长肌理，遵循自然生态规律，创造一种结合设计对象自身特点来适应新环境的设计方法。见图2-23~图2-25。由灵感的产生到作品的完成是一个复杂的创造性思维过程，其具体方法可归纳为拟形与仿生两种。

图2-20　山川

图2-22　感悟

图2-21　想象

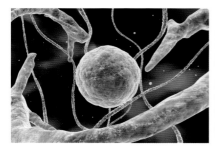

图2-23　微观角度

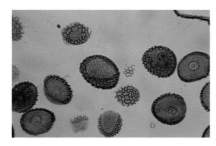

图2-24　微生物优美的造型组合

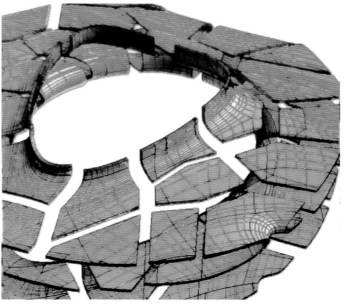

图2-25　树叶枝解的立体架构空间

2. 拟形方法

拟形的设计方法是通过模拟自然界中的物象或通过其自然形态来寄寓、暗示或折射某种思想感情，这种情感的形成需要通过联想，通过借物的手法达到再现自然的目的，而模拟的造型特征也往往会引起人们美好的回忆与联想，从而丰富空间的艺术特色与思想寓意，见图2-26~图2-31。

在某种意义上讲，空间应是具有某种文化内涵的载体，它承载着精神寄托，而不仅仅是具备使用功能。在不违反人们正常使用原则的前提下，运用拟形的手法，借助生活中常见的某种形体、形象或仿照生物的某些特征，进行创造性构思，可以设计出神似某种形体或符合某种生物学原理的空间。图2-23~图2-28拟形可以给设计者以多方面的提示与启发，使空间造型具有独特的生动形象和鲜明的个性特征，可以让人们在观赏和使用中产生对某事物的联想，从而产生情感与趣味。因为这是一种较为直观的和具象的形式，所以容易唤起使用者或观赏者的共鸣。

图2-26　仿叶隔断

图2-27　顶棚的造型设计以树叶为启发

图2-28　结构支架采用动植物枝干异形造型

图2-29　动物王国的异形造型

图2-30　自然疏密有致的仿生状态　　　　　　图2-31　模仿自然的元素符号

3. 仿生

此外，从仿生形态再现的程度和特征，又可分为具象仿生和抽象仿生。具象仿生是把真实的对象形体和组织结构再现出来，把自然蕴涵的规律作为人造生活和工作环境的基础。见图2-32，图2-33蝴蝶元素平面图。

具象的结构形态具有很强的自然性和亲和性。而抽象仿生是用简单的结构形态特征反映事物内在的本质，此形态作用于人时，会产生"心理形态"，通过人的联想把虚幻事物表现出来，以简洁的曲线或曲面形式显现有机形态的魅力，表现出富有简约特征的空间形态。见图2-34~图2-37。

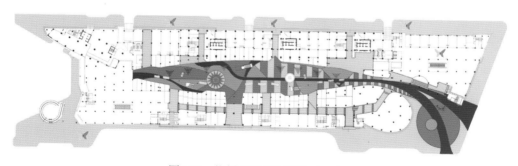

图2-32　蝴蝶元素平面结构（一）

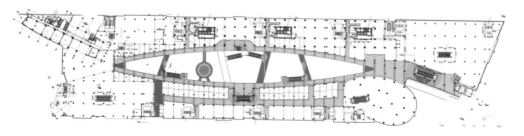

图2-33　蝴蝶元素平面结构（二）

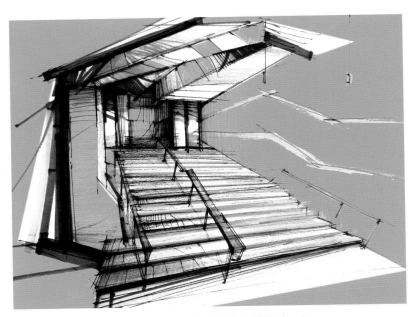

图2-34　源于自然的智慧和神秘（一）

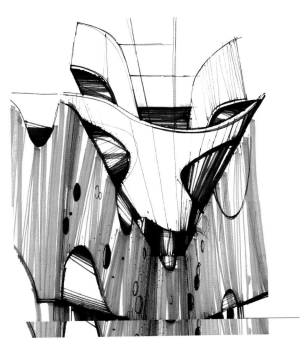

图2-35　源于自然的智慧和神秘（二）

图2-36　自然元素简洁的曲线

图2-37 曲面形式显现有机形态的魅力

自然光线的阴晴变化，早晚的色温变化，以及随着太阳高度角的照射角度使自然光线充满魅力。这是人工光源所难以达到的效果。将自然光线引入室内，不仅可以显示一天当中的时间变化，也可以反映室外天气的变化。与单一的室内光线相比，自然光线显得更活跃和生动。昼光照明还能改变光的强度、颜色和视觉，有助于提高工作效率。

2.2.5 空间气氛的联想

在室内设计中，情感与个性的表达，是通过对空间印象与环境气氛来体现的。这首先需要空间内在与外在环境的一种平衡对应关系；其次，也需要个人喜好与生活机能所需的空间，以求空间给人一种质朴亲切的归属感。

1. 空间气氛的意境

空间气氛的意境是室内环境精神功能的最高层次，也是对于形象设计的最高要求。空间环境所具有的特定氛围或深刻意境就是空间气氛的营造意义之所在。

2. 空间的印象

空间的感觉是一种印象，但氛围则更接近于个性，能够在一定程度上体现环境的个性。我们通常所说的轻松活泼、庄严肃穆、安静亲切、欢快热烈、朴实无华、富丽堂皇、古朴典雅、新潮时尚等就是关于空间氛围的表述。见图2-38，图2-39。

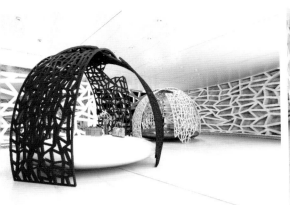

图2-38　鸟巢个性化的空间（一）　　　　　　　　图2-39　鸟巢个性化的空间（二）

空间气氛应该具有什么样的氛围，是由其用途和性质决定的。在空间氛围中，还与人的职业、年龄、性别、文化程度、审美情趣等密切的关系。

从概念上说，空间环境应该具有何种氛围是较容易决定的，如接见室、会客室应当亲切、平和，宴会厅应该热烈、欢快，会议厅应该典雅、庄重等。但实际上，由于室内环境的类型相当复杂，即便是同一大类的建筑，当规模、使用对象不同时，其体现的氛围也可能是完全不同的。如同为会堂，国家会堂和一般科技会堂不可同样看待；同是餐厅，总统套房的餐厅和一般用于婚、寿、节庆的宴会厅的氛围也不可能相同。对此，设计者必须本着具体情况具体分析的精神加以判断和处理。

意境比氛围更有深度，也更具指向性。其中之"意"，可以理解为"意图"、"意愿"或"意志"等，类似文章的主题思想，是设计者想要表达的思想情感。其中之"境"，可以理解为"场景"、"景物"，是用来传达设计者思想情感的"形象"。见图2-40~图2-42。

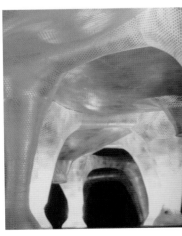

图2-40　空间　　　　图2-41　空间情感的形象　　　　　图2-42　情感与情趣
　　情感的表述

情感和形象是任何艺术门类都应具备的基本要素，有情感而没有合适的形象是构不成艺术的，不能表达情感的形象同样算不上艺术。要使室内环境具有深刻的意境，见图2-43~图2-47。从设计角度说，就要"意在笔先"，"先意后象"，寻找最合适的形象表达立意，即托物寄情；从欣赏角度说，就是欣赏者能够从感知的形象中受到启发、感染、陶冶甚至震撼，引起思想情感上的共鸣，即触景生情。

图2-43　空间意象构成（一）

图2-44　空间意象构成（二）

图2-45　空间意象构成（三）

图2-46　空间意象构成（四）

图2-47　空间意象构成（五）

空间气氛美学是在引入哲学、心理学、建筑学、语言学等学科知识的基础上，运用相关学科类比的横断探究方法对环境气氛的比例和尺度概念、相互关系以及和空间整体的关系上所进行的讨论和分析。

3. 空间表象的联想与加工

设计思维最主要表现为对环境的联想过程，可以说，联想是人的头脑里对已储存的表象进行加工，从而形成新形象的心理过程。在知觉材料的基础上，经过新的配合而创造出新形象的心理过程。它是人类特有的对客观世界的一种反映形式，是一种特殊的思维形式。联想与思维有着密切的联系，他们都属于高级的认知过程，都产生于问题的情景，都由个体的需求所推动，并都能预见未来。它能突破时间和空间的束缚，达到"思接千载""神通万里"的境域。根据想象的创造性程度的不同，又可分为再造想象和创造想象。再造联想是指主体在经验记忆的基础上，在头脑中再现客观事物的表象；创造想象则不仅仅是再现客观事物，而是创造出全新的事物形象。见图2-48。

图2-48　空间联想与加工

托夫勒说："谁占领了创意的制高点谁就能控制全球！设计思维是表达的源泉，而设计表达是设计思维得以显现的通道，可以说，没有"设计思维"，设计表达也就成了"无源之水"，"无根之木"。

联想是人与生俱来的天赋，但作为创意能力，最重要的是后天不断地学习、发展和提高。调动联想的潜力，更好地在创意活动中发挥作用，可以使用几种方法，见表2-1。

表2-1　联想的方法、特点、重要性

方法	特　　点	重要性
储存信息	在大脑中不断地、全方位地、高质量地储存知识和经验等信息，这是联想的源泉和基础。俗话说，有多厚的根基，就有多高的墙。	全方位信息存储，是发展高速质量联想的首要条件。从多角度、多途径、多层次综合存储信息，通过知识和经验结合存储、逻辑和形象互补存储、多学科、跨学科兼收并容存储，才能为高质量的联想打好基础。
联想	打破常规、超域界、超时空的大胆联想。	要获得最优的联想成果，首先要开放胆量，发散思维，不能因受外界条件而束缚自己的联想思维。

以瑜舍酒店设计的案例分析，设计师运用联想的方法，将中国传统"五行"理念，运用在酒店设计的创意之中。客人首先进入的是"鸡蛋电梯"，寓意生命之初，代表土；从电梯间出来，向左通向地中海餐厅，设有火炉，可为客人提供各种特色的烘焙食物，代表火；北亚餐厅（Bei）大厅设置了巨型镜子，让客人观赏精彩烹调过程，代表木；越过多扇青铜大门及水道后，则会到达五个内设私人贵宾厅的"匣子"，诱惑且具有神秘感，饰以淙淙流水，保证客人隐私，代表水；酒吧（Punk）却恰恰相反，是当中唯一的透明匣子，四周围绕着粗糙破损的金属幕帘，极具摇滚风格，而其中的木制桌椅、洁净平滑的水泥吧台和圆滑见方的凳子，配以华丽吊灯，为酒吧塑造极尽奢华与狂野摇滚兼容的风格，代表金。

所以，要想有好的创意，离不开联想，只有不断地提高联想能力、丰富大脑中的储存信息，才能创造出更高质量的创意作品。见图2-49~图2-51。

图2-49　空间联想的创意作品（一）

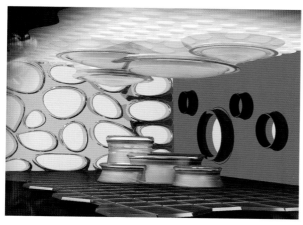

图2-50　空间联想的创意作品（二）

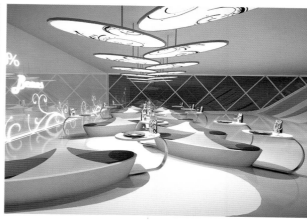

图2-51　空间联想的创意作品（三）

2.2.6 建筑"生命"的延续

安腾忠雄曾说"美的建筑是真正用心灵构想而成的有机体，也是在灵感的指导作用下以最佳技艺创作而成的艺术品。"

随着科技的进步及设计的规范化，建筑设计与室内设计同步运作，已经是必然趋势。这样可以使室内设计师尽早地进入设计角色，规划、思考设计方案，并对建筑中的空间设计提出修整意见，以便使整个建筑物的功能更趋完备、最终效果更加完美，室内是建筑的灵魂，是人与环境的联系，是人类艺术与物质文明的结合。

2.3　风格与趋向

勒·柯布西耶曾说"风格是原则的和谐，它赋予一个时代所有的作品以生命，它来自富有个性的精神。我们的时代正每天确立着自己的风格。不幸，我们的眼睛还不会识别它。"

风格是指一种精神风貌和格调，是通过造型艺术语言所呈现的精神、风貌、品格和风度。是设计师从设计创意中表现出来的思想与艺术的个性特征。这些特征，不只是思想方面的，也不只是艺术方面的，而是从创意总体中表现出来的思想与艺术相统一的并为个人或作品独有的特征。在设计思维创意中，风格是通过室内设计的语言表现出来的。室内设计语言会汇集成一种式样，风格就体现在这种特定的式样中。在这里，应该强调说明两点：一是风格要靠有形的式样来体现。它不可能游离于具体的载体之外，故"风格"和"式样"常常混称，如"和风"有时又称"和式"或"日式"等；二是风格又是抽象和无形的，要求欣赏者根据"式样"传递的信息加以认识和理解。著名建筑设计大师贝聿铭先生说到"每一个建筑都得个别设计，不仅和气候、地点有关，而同时当地的历史、人民及文化背景也都需要考虑。这也是为什么世界各地建筑都各有独特风格的原因。"见图2-52，图2-53。

室内设计发展趋向已经到了多种风格并存共生的多元化时代，未来的室内设计更将是在国际大同的背景下，活跃多种风格，变换诸多流派。许多新思维将应运而生，譬如对异形空间的理解，从盖里（Frank Gehrg）西班牙古根海姆美术馆的设计作品开始，人们现今已不再满足于方盒子白色天花的常规空间，而是刻意地追寻不同寻常的空

图2-52　风格与形式的体现（一）　　　　　　　　图2-53　风格与形式的体现（二）

间感觉。我们的社会允许多种风格的存在，也见证了不同流派的兴衰，也只有这样，设计事业才会百花齐放，设计水准才能在不断变化中得以提高和进步。设计风格的更迭与交替是设计发展的必然过程，正是由于种种风格的不断更替才有了人类设计艺术的不断繁荣与发展。设计风格迭变的周期性，带来的不仅是丰富多样的款型与样式，更重要的是带来了设计的不断超越与进步。从某种意义上说，交替与复兴是一种矛盾，一方面是更换，另一方面是新的重复，但是他们又可以达到统一，因为交替是有据可依的，它必然以前一次的历史作为更迭的基础。而复兴不是简单的重复，必定是一种升华了的"复原"。艺术设计的许多现象就是如此，就像风格，其实就是艺术形式不断交替与复兴而产生的结果。

2.3.1　超越时代的记忆

时间的宏观分析，一是在经济全球化进程不断加快的时代和在现代科学技术的推动下，社会生产力迅速发展，深刻地改变着人类生活的面貌，各种新思想、新文化、新观念逐步形成。二是科学精神历来是推动和引导时代的发展，科学精神的核心是实践与创新。

所谓设计的时代感，指由时代的社会生活所决定的时代精神、时代风尚、时代审美等需要，体现在设计作品格调上的反映。同一时代的设计师，个人风格可能各不相同，但无论是谁的设计作品，都不能不烙上时代的烙印。并且巧妙地揉进其他文化气质类型的成分，往往会使设计作品脱离某种固有模式而显得比较自在。见图2-54，图2-55。

图2-54 时代风尚的缩影   图2-55 时代审美的反映

1. 时代的特征

1）时间特征。（随时间的推移和新时尚的出现而消失）

2）没有本质的不同，只是感觉上的刺激。（这种现象被西方心理学解释为"感觉刺激论"：由于不断重复而使感觉变得迟钝了，即种种形式由于屡见不鲜而引起了人们的厌倦，从此不再被人注意，因而，需要一种更加强烈的刺激。

3）只承认原创性，不承认完美化。

4）经营项目，文化习俗，乃至地区、社会经济文化差异的影响因素。

时代感特性的总结，包含两个层次，首先，要立足于时代，既要从时尚中寻求灵感，又要超越时尚把握其内在的本质。否则装饰在居住建筑中运用的再完美，脱离了时代性也是没有价值的。其次，经典和传统是时代性之根，在居住建筑中运用的装饰也同样离不开经典和传统的结合。

一方面是对经典永恒价值有选择的借鉴。另一方面是对传统内在精神有目的的传承。因为，经典和传统积淀了很多真正反映生活方式、思想观念、技术条件、文化价值、气候条件等有价值的原则和经验，其中对当代有现实意义的基因就会显现出来，并长久的发挥作用。

一个好的设计方案，首先是站在历史阶段过程的"点"位上，是以科技为先导并激发灵感的设计。设计与时代应当共同进步。例如卢浮宫旁的玻璃金字塔，即是贝聿铭先生对设计与时代良好把握的成功范例。

2. 新材料与新工艺

在经济、信息、科技、文化等各方面都高速发展的当今时期，人们对社会的物质生活和精神生活不断提出新的要求，相应地对自身所处的生产、生活活动环境的质量，也会提出更高的要求。

城市化是时代的主旋律，信息科学的进步和后工业社会的到来带来种种发展的契机，生态学的发展带来环境研究方面的进展；同时也为设计提供了大量的灵感。主要表现在：以科技成果为主题的新材料和新工艺的运用。设备设施在不断吸取传统装饰风格中的设计精华的基础上，结合地域特质，和当今科技成果重新塑造新的室内性格，见图2-56，图2-57。同时，它还与一些新兴学科紧密相连，如人体工程学、环境心理学、环境物理学等。

图2-56　现代科技重新塑造（一）　　　　图2-57　现代科技重新塑造（二）

3. 新材料与新工艺的运用，见表2-2

表2-2　新材料与新工艺的运用

追求光亮强烈的视觉效果	综合运用铝合金、不锈钢、大理石、花岗岩和玻璃幕墙等反光性较强的装饰材料，通过对光的反射、折射及动感，使空间产生光彩夺目的视觉效果。
体现现代艺术的直率个性	以体现工业科技发展成就的商业环境设计，如建筑钢结构及设备管道的裸露、自动扶梯以及结构构件的各种组合。这种设计风格力求表现结构美、工艺美、材料美，体现高科技性。见图2-58~图2-65。
追求简洁的构图的完整	采用极为单纯的几何形体，做规整的排列组合，注重秩序与比例。强调水平或垂直线条，简洁完美的弧线等空间表现形式。

图2-58　建筑钢结构及设备管道的裸露（一）　　　图2-59　建筑钢结构及设备管道的裸露（二）

图2-60　天花垂钓规整的排列组合（一）　　　图2-61　天花垂钓规整的排列组合（二）

图2-62　墙面的排列组合（一）　　　　　图2-63　墙面的排列组合（二）

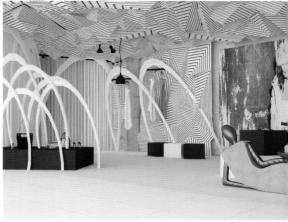

图2-64 完美的弧线，刻意的空间形式（一）　　　图2-65 完美的弧线，刻意的空间形式（二）

同时，地球上资源有限，建筑无节制地耗用能源及物质财富着实令人担忧，其中环保型设计越来越受人重视。室内设计固然可以借鉴国内外传统和当今已有设计成果，但不应是简单"抄袭"，或不顾环境和建筑类型性格的"套用"，现代室内设计理应倡导结合时代精神的创新。

2.3.2　情感的"表象"

情节感不仅同情绪（即心境、激情、应激）和美感直接相关，也渗透了道德感和理智感，因而，严格意义上说，情感的发生与发展又或隐或显、或多或少地与理性因素有关。"由于与这种情感相关的记忆表象相当丰富多样，它就会在潜意识中使与这类情感相关的众多表象记忆都活跃起来，每时每刻都可能向众多的方面建立起关联"。也就是说，情感时时刻刻都可以促动潜意识发出与之相关、转瞬即逝的信息，给设计师提供产生灵感、获得灵感的机遇，见图2-66。

1.情感的轨迹

"情节感"这条纽带。从某种意义上说，主要就是阐述设计中的创意与情感问题。由于人类情感广泛涉及心理学、社会学、文化学与美学等方方面面，而由于情感不仅同情绪（即心境、激情、应激）和美感直接相关，且也渗透了道德感、理智感，因此，情感的发生与发展也或隐或显、或多或少地与理性因素有着联系。事实上，人类设计越是向前发展，就越能清晰地反映出创意与情感同时存在的非理性发展的历史轨迹。那么，是一种什么因素或力量与建筑理性相抗衡，进而使后者呈现出这样一种起伏和曲折呢？

由此，我们不难理解，当设计随着社会生产力的发展而演进到具有物质与精神的双重功能时，人类设计中的非理性也就开始有了自身相对发展的历史轨迹。例如北京的LOFT798工厂是近年来诸多国内的前卫画家的聚集地，也是许多前卫思想的策源地。LOFT的原意是建筑中的阁楼，现在被借指将工厂厂房改造而成的艺术家工作室。保留原来厂房的结构和外观，而在其内部的大空间中进行重新布局，解构、重置空间，使得原本单调统一的空间成为既是工作场所，也是生活空间的所在。"LOFT"也就成为了一种国际潮流。由于艺术家们做了精心的设计和改造，尤其

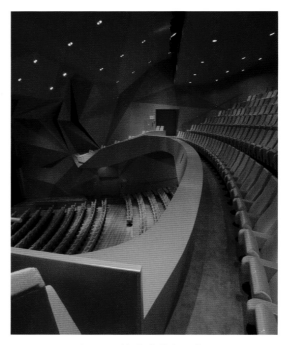

图2-66　情节感潜意识萌发

是雪白墙面上挂着一幅幅现代绘画作品，浓重艳丽的色彩表达的是新时代的艺术审美取向，对比鲜明却又使人感到内蕴的和谐。我们也从中看到了简约主义的思想与情感的表象记忆。

2. 情感的痕迹

人类体现在空间创意中的情感，也有一个由简单到复杂、由低级向高级的历史发展过程。我们可以看到这样一条粗放有力的痕迹：从构筑中的原始装饰转向构筑中的实体塑造，从艺术造型的描绘转向建筑空间的经营，从空间组合的设计转向环境系统的整合，从群体环境的把握转向城市整体美的创造。这个漫长的设计历史的演进过程无不打上人类精神中情感需要的烙印。这也说明了，随着建筑审美视野的不断拓展，人们赋予空间的情感也向着深层方向发展。

3. 情感的作用

1）情感为设计师提供产生顿悟或灵感的条件和机遇。空间设计灵感也同其他艺术灵感一样，它要依赖于人的潜意识活动。在促成潜意识活动的诸多因素中，情感的影响最为活跃——一旦某种情感郁积于心，"由于与这种情感相关的记忆表象是相当丰富多样的，它就会在潜意识中使与这类情感相关的众多表象记忆都活跃起来，每时每刻都可能

向众多的方面建立起暂时联系"。也就是说，情感时时刻刻都可以促动潜意识发出与之相关、转瞬即逝的信息，给设计师提供产生顿悟、获得灵感的机遇。在空间创意中，情感越丰富、越深厚，那么我们获得灵感的机遇也就越多。见图2-67~图2-71。

图2-67　灵感源于油画作品

图2-68　灵感源于摄影作品

图2-69　以洞穴为灵感的室内设计（一）

图2-70　以洞穴为灵感的室内设计（二）

图2-71 以洞穴为灵感的室内设计（三）

2）情感为空间创意设计想象确定目标。室内设计创意中的艺术想象，归根结底是要在悉心解析建筑空间因缘，综合考虑环境、功能、技术、经济等诸方面要求的前提下，寻求一种尽可能完美的空间创意形式与风格。所以，空间艺术想象总是有一定的方向和目的。室内设计创意中的主体所持有的情感，不仅为其艺术想象活动插上了双翅，而且还会使它飞往一定的方向，甚至能找到为情感所牵系的具体目标。

2.3.3 人性化设计

1. 人性化设计的概念

人性化设计是指在符合人们物质需求的基础上，强调精神和情感因素的设计，社会的发展在某种程度上也是人性化发展的过程，是不断否定自我、超越自我的过程。设计主要体现为人服务的宗旨就必须具备人性化的特点，人性是人所共有的正常情感和理性，向善爱美，求真、求实都是人性的具体表现，而人性化设计是以"人本主义"为原则，以人的精神、行为、生理、心理要求为前提，以相应的技术手段为保障的创造性活动，是人文精神的集中体现，也是人与环境、人与自然和谐共处的集中体现。

以人为本，是当今社会提倡的主题之一。空间为人提供活动的场所，人为空间注入活力和价值，二者相互影响，设计师只有通过研究人与自然的关系、物质与文化的关系，才能创造出人性化的空间和场所，真正体现设计为人服务的宗旨。人性化设计既要满足人们物质上的需求，更要强调精神和情感需求。人类社会的发展在某种程度上也可以理解为人性化要求不断发展的过程，是不断否定自我、超越自我的过程。以人的精神、行为、生理、心理要求为前提，以相应的技术手段为保障的创造性活动，是人文精神的集中体现，是人与环境、人与自然和谐共处的集中体现。北京《长城脚下的公社》的设计案例是近年来中国建筑发展上将两者整合的一个突破。二十栋别墅都是由三十五岁以下的青年建筑师们来设计完成的，设计师们可能受建筑师赖特《流水别墅》和"解构主义"思想的影响，每座别墅的建筑结构和构成形态都巧妙地融入到自然环境中去，同时也表明了设计师们对环境的重视和强烈的个人表现。别墅的外观设计延伸到室内设计，从而形成了一个整体的设计要素呈现：通透的大玻璃窗，既有良好的采光，又使室内主人仿佛置身于自然环境之中，同时又具有中国古典园林"借景生情"的意味。

今天，人们的需求逐渐超越了物质功能的满足，向高情感的层次过渡。注重传统文脉，向往充满人情味、充满地方特点的生态环境，已成为设计发展的主流方向。见图2-72~图2-75。

图2-72　人性化的空间设计（一）

图2-73　人性化的空间设计（二）

图2-74　人性化的空间设计（三）

图2-75　人性化的空间设计（四）

2. 人性化设计的界定

人性化设计的界定可以从人的因素、物质的因素、精神的因素、自然的因素等几个方面进行综合分析。第一，人是空间环境的主体，因此设计应该突出人本主义的原则，充分考虑使用群体的需求，考虑不同年龄阶层的使用对象，以及正常人、残疾人的不同行为方式与心理体验，才能在设计中予以充分的体现，凸显功能空间的方便、快捷、舒适、安全的人性化特点。第二，就空间环境而言，物质功能是最基本的功能，没有这一基本属性的空间，其存在是毫无意义的，在此基础上创造空间的多义性和可变性，也是人性化发展的最好诠释。第三，空间形态的文化内涵和场所精神是现代设计追求的方向之一，是高附加值的体现。人处于空间环境中，往往会受到多方面信息的影响，如空间的形态、光影、色彩、肌理等，这些信息影响着人们的视觉心理和行为心理，导致人们产生某种主题的联想。随着历史、文化要素的注入，也会赋予空间环境丰富的精神文化内涵，达到人与空间情感的互动。第四，人们对自然因素的需求，既包括了心理上的需求，也包括了生理上的需求。绿化、水体、阳光和空气是人性化设计中经常运用的基本元素，绿化能缓解和消除人们的紧张和疲劳，其自然生长的姿态和四季变化的景象更使其具有顽强的生命力。草坪的浓浓绿意除了具有降温除尘的功效外，还有很强的亲和力。水池、河道中的水体，唤起人们对自然的联想，给人工环境增添了自然情趣。而对于阳光和空气等无消耗能源的利用，则体现了现代生活中健康、环保、节能的新理念。

第 3 章

设计延伸

3.1 设计的文化特质

文化一词，广义上是指人类在社会实践过程中所获得的物质、精神的生产能力和创造的物质、精神财富的总和。狭义上是指精神生产能力和精神产品，包括一切社会意识形态：自然科学、社会科学、技术科学、社会意识形态。有时又包含教育、科学、文化、艺术、卫生、体育等方面的知识与设施。作为一种历史现象，文化的发展有历史的继承性，同时也具有民族性、地域性。不同民族、不同地域的文化形成了人类文化的多样性。作为社会意识形态的文化，是一定社会的政治和经济的反映，同时又对社会的政治和经济造成巨大影响。历史文化是宽泛的，又是生动和具体的，如某个城市、某个地区曾经发生过的重大事件和出现过的著名人物，就是历史与文化的内容，如果能在这个城市和地区的重要建筑的室内设计中有所反映，就会在一定程度上开拓人们的视野，增加人们的知识，使人们在潜移默化中受到启迪和教育。

设计具有丰富的构成要素，无论是建筑空间，还是其中的家具、书法、雕塑、绘画等，都是一种语言，这一点，又决定了它体现文化的可能性。设计与人类生活的联系十分紧密，几乎与人的全部生活息息相关，包括最初级的物质生活和最精微的精神生活，这种特性决定了它体现文化的必然性。设计核心就是要不断创新、创造出更适合人类的活动空间和审美空间。让室内设计在当下的条件下，在观念艺术和建筑艺术的影响作用下，把设计思维创意提升到一个更高的层次，以多元化、多层面为价值取向，以优秀文化传统为审美取向，创造更多的具有先锋性的、原创性的室内设计作品是当代从事室内设计的设计师责任所在。换一种思维看设计，会使你的设计心胸变得宽广而多面，会重新激发设计想象。

1. 设计是一种高雅文化

设计能够让人们的生活方式更趋于美好；

设计能够提升社会进步文化的生长，提升人类的美学素质与审美情趣；

设计是能够为产品带来不同程度附加值的文化商业行为；

设计是能够使设计者自身提高文化品位一种有益劳动；

设计是能够集设计师智慧的创意、科学、技术、文化的睿智的一种综合结晶；

设计是能够让人们感受空间美学震撼力的艺术形式；

设计能够让世界更加低碳环保与可持续发展；

设计能够满足人类物质、精神生活并给人们带来心理的愉悦和幸福感；

设计能够让这个世界更加美好，让人们的行为更加规范化、合理化；

设计的优劣是不应与资金投入的多少形成正比关系的；

优质的设计能够让我们的生存环境愈加美好，劣质的设计是对环境的一种破坏，这种破坏包含物理上的、视觉上的，也会直接影响人们的心理感受；

2. 设计文化气质的类型和它的影响力

诺伯格·舒尔茨在《场所精神》一书中，就人们对空间感受的特征作了以下分类：

1）浪漫式——幻想的、神秘的或田园般的；

2）宇宙式——理性的、抽象的、合逻辑的；

3）古典式——既有逻辑的，又有情调的；

4）复合式——上述各种类型的结合。

诺伯格·舒尔茨的分类给我们以联想和启示，根据人们对建筑外显特征的直观感受，我们可以将建筑空间的文化气质划分为五种基本类型：

1）浪漫型——富于各种想象的、情感直露而洒脱的；

2）文雅型——富于经典口味的、情感沉稳而凝重的；

3）质朴型——富于返朴归真的、情感朴实而憨厚的；

4）粗犷型——富于野性刺激的、情感冲动而奔放的；

5）混合型——是上述两种以上类型的"混血儿"，由此而衍生出来的混合型文化气质更富于复杂而细腻的情感表现，其外特征更加富有活力。

事实上，巧妙地揉进其他文化气质类型的成分，往往会使建筑表情脱离某种固有模式而显得轻松自在。见图3-1，图3-2。

"设计是一种追求完美的生活态度，设计是一种追求品味的生活概念 。"在室内设计过程中，由于空间的文化气质，充分渗入了作品所处的自然环境（包括气候条件、地形地貌、环境资源等）、人文环境（包括城市的性质、规模、文化情调等）以及其他场所因素和创作者情感因素而综合生成的一种文化特质，因此，它在极大的程度上制约着室内设计的艺术气氛与时代气息的表现方式。

图3-1　设计是一种追求品味的生活概念　　　　图3-2　设计是一种追求品味的生活品质

3.1.1　设计的文化属性

1. 文化内涵

任何称之为"文化"的东西，即使是隐晦曲折的文化观念或创作意念，都是要通过建筑物质形态显现出来的，都是以建筑营造中的"物化"为其前提的。文化内涵就是反映一概念中对象的本质属性的总和。不难理解，建筑的内涵或我们通常所说的建筑文化内涵应包括：

（1）物质文化方面的属性

具有提供人们享用的空间环境，同时也具有为实现这一目的而必须提供的经济技术手段。

（2）精神文化方面的属性

在空间环境创造中所渗透的来自哲学、伦理、宗教等方面的生活理想，以及来自民族意识、民俗风情等方面的审美心态等。见图3-3。

（3）艺术文化方面的属性

在综合考虑上述基层与深层结构文化因素的同时，努力贯彻艺术审美方面的意念并拓展表现内容。见图3-4。美国当代著名建筑师弗兰克·盖里不仅十分关注艺术，他也与当代艺术家保持着十分密切的往来，他曾表示说："在一定意义上，我也许是一个艺术家，我也许跨过了两者间的沟谷。"

图3-3　来自于精神文化内涵的设计

图3-4　来自于艺术文化领域的设计

2. 传统文化

包豪斯创建者格罗皮乌斯有句名言："真正的传统是不断前进的产物，它的本质是运动的，不是静止的，传统应该推动人的不断前进。"这句话被我们理解为格罗皮乌斯对室内设计的时空观概括。传统的民族文化是劳动人民在各个时代，根据不同的客观条件与空间环境总结出来的前人经验；是吸收外来精华又融入自己对人类社会发展和未来的理想及智慧创造出来的。所以，时代变迁反映于人类社会及其文化传统的现象是显而易见的，同时，民族传统随着时代的变迁而发展变化，既是历史的延续又是文化的一脉相承。

作为当代室内设计师，应该喜爱传统、学习传统、理解传统，但更重要的是提高我们的自身"悟性"。设计师要有深层的思维，而不是简单的模仿、照搬具象的传统式样；要努力寻求传统的精髓、神韵和语汇，从而创作出新的文化观念来，寻找现代同传统的切合点，试图在古与今之间找到一个共同的元素，以期达到历史的延续与发展。

3. 全球文化

随着世界经济一体化的快速发展，在现代设计中，对人类文明的珍惜与对环境的保护，越来越被人们所重视，因为未来是多元化的设计时代，各个国家的特色文化设计与鲜明的地方风格的设计作品，都理应受到尊重和推崇。对于文化的重新塑造与重新建构，才是我们面向未来的设计之路的发展方向。然而，高速发展的市场经济的大潮，给我国建筑室内设计创作与实践带来勃勃生命力与发展机遇的同时，也为我国引入了世界各个国家在建筑室内环境设计方面的许多新思想、新观念、新理论，从而对国内的设计师在开阔视野、活跃构思、繁荣创作方面起到了积极的推动作用。

在现代社会活中，信息交流与人际交往频繁，人们愈来愈多地接受着外来生活方式的影响。同时，商业气息的蔓延，使人们往往注重对物质的舒适度的追求，而忽视了环境对于文化方面的深层意义。这一现象其实应该引起我们的反思，因为设计的民族化往往是一种文化的积淀。世界各民族受地理、社会环境的诸多影响，在其漫长的生活演变中逐渐形成了本身的审美情趣，创造出了生动多变的造型样式。因而，这种由历史文化形成的风格，具有相当强的个性与生命力，外界力量很难将其同化。

室内空间的环境设计，它是一个包含现代生活环境质量、空间艺术效果、科学技术水平与环境文化建设需要的综合性的艺术设计学科，它的任务是根据建筑设计的意念进行内部空间的组合、分割及再创造，并运用造型、照明、色彩、家具、陈设、绿化来传达设计元素的体现方式，并运用设备、技术、材料、安全防护措施等一系列手段，结合人体工程学、行为科学、环境科学等学科，从现代生态学的角度出发对建筑内部环境作综合性的功能布置及整体艺术效果的处理的设计。换个角度来看，也是反映一个国家的经济发展能力、科学技术水平、文化艺术传统及民间风俗习惯等多种因素对其所产生的影响，而经济的发展程度则起着根本性的作用。

1）作为一名中国设计师，自身的成长离不开中国社会文化的背景，脱离不了社会文化环境中滋生的民族精神，因为有博大精深的中国传统文化在我们每个设计者的血液中流淌。中国设计要求设计师将东方的"禅"文化影响力作用于设计物上，通过设计物再折射出设计师所代表的东方文化特质。东方的"禅"文化知识形态不仅在客观上限制着设计师们对设计、内容的简约设计理念，而且这种文化无形地对设计师的设计风格也起着一种内在的强大制约作用。设计师只有凭借在本土文化背景下形成的具有普遍意义的消费观、审美观、价值观及处世态度、人际关系、思维方式等设计文化，才可能做出真正满足中国社会文化需求的时尚设计。

2）设计以人为本，设计为人类服务，这应该是一个不变的道理，所以，设计师需要通过设计与处于当下中国社会各阶层的消费者做思想上的沟通。正因为消费者既是设计的直接目标又是设计效果的直接反馈者，为此，能否对中国现代社会的消费者进行深入的研究也是影响中国设计的重要因素之一。设计能否使其与消费者的互动关系达到协调与融合，就要看设计本身是否使消费者产生认知甚至是在心理上的认同感，而这又取决于设计中的诉求是否与消费者的本身文化环境所勾勒出的心理需求形象相一致。对消费者来说，消费的不仅仅是产品的使用功能，他们更要通过赏心悦目的形式购买包含其中的人文价值、精神关怀和自我价值的体现。设计师是为人们提供较为直接的服务，其水准的高低也许会直接地影响到人们生活及工作质量的高低，一款优质的设计不仅给人们带来功能的合理及使用的舒适，更可以给人们的心理带来不间断的影响。所以从这个角度说来，设计师的职业会显露出比医生等职业更容易具有的责任。因为有时医生的失误是即刻或短期内可以显现的，教师传授错误的知识，也许也会及时或慢慢地被发现，但是设计师的错误设计常常是被"美丽"所伪装的，它的危险性也是不很容易明示的。

3.1.2　设计的美学价值

设计的目标在创造完美，也就是创造最完美的价值。马克思说："'价值'这个普遍的概念是从人们对待满足他们需要的外界的关系中产生的。"从美学的角度来讲，价值的内涵相当丰富，有审美价值、教育价值、娱乐价值等内容。

价值都是潜在的。设计师所创造的价值实际上是一种潜在的、尚未实现的价值，只有把它付诸现实，才能真正实现其价值，检验的标准在于主体的认识在多大程度上符合价值客体的实际。价值实现也是一种实践的关系，这又可称之为艺术消费、艺术欣赏等。

室内设计的美学价值的特征表现为：

室内设计的美学价值是通过所有要素以及由这些要素构成的整体体现出来的。室内环境的美学价值能否充分得到体现，前提条件是要素和要素构成的整体能够为人们感知和感动。因此，设计什么样的形象以及这样的形象将在多大程度上为人们所感知和感动，就成了室内环境设计的一个重要的内容。

室内设计的美学价值由于环境本身的不同，可能有强弱不同的层次：第一个层次是与物质因素相关联，可以称之为功能美；第二个层次与物质因素距离较远，可以称之为形式美，第三个因素与物质因素相距更远，可以称之为意境美，意境美属精神功能中最高的层次。

室内设计的精神功能应按环境的类别、用途和性质来定位，能否通过形象体现出来，则决定于设计师的艺术修养和设计的水平。

室内设计只有与本土美学价值、传统文化精神、现代设计理念和科学技术发展有机地结合在一起，才能在现代社会中创造出具有中国特质的设计文化，才能反映设计发展的动力、途径和规律，才能使设计真正地与国际设计相互交流、相互融合，求同存异，多元互补，共同繁荣发展。

3.1.3　跨越边界的设计

室内设计的知识结构与人类生活的联系十分紧密，几乎与人的全部生活包括最初级的物质生活和最精微的精神生活都有联系，这种特性决定了它体现文化的必然性。

室内设计的知识结构具有丰富的构成要素，无论是建筑空间，还是其中的家具、书法、雕塑、绘画等，都是一种语言，这一点，又决定了它体现文化的可能性。基于以上理由，室内设计的知识结构一定要积极主动地体现国家的、民族的、地域的历史文化，使整个环境具有深刻的历史文化内涵。隈研吾曾说"所谓的文化性，这些都结合得很紧，禅宗与生活是一体化的。于是，就有了所谓的禅和所谓的宗教性。"

室内设计需要体现当代科学技术的发展水平、符合现行规范和标准、具有技术和经济上的合理性。要根据需要和可能，适时引入先进的材料、技术、设备和新的科学成果，包括逐步推进建筑的智能化；注重来自材料、家具、设备等方面的污染，采取有效措施，保证室内环境有利于人的身心健康，有利于保护人类的大环境。

3.1.4　记录地域文化的印象

1. 区域概念

地域概念是设计所必须考虑的，所谓区域概念就是根据区域的地理环境、历史文化、风土人情、经济情况、人均收入、设计风格、材料报价等，确定项目的整体定位。

区域同时也是一个空间上的概念，以不同的物质客体为对象的地域结构形式。环境是一个相对的概念，是围绕某个中心事物的外部世界。中心事物不同，环境的概念也就随之不同。包括自然环境和人为环境。以土耳其浴为例，受伊斯兰教的影响，浴室雕刻着美艳绝伦的伊斯兰图案，充满了浓郁的东方气息。四周拱形造型，墙壁绘有伊斯兰图案，中间是座喷水池，浴室的墙壁呈环形，全部是用石头打造而成的，中间地上有一块凸出的莲花大理石平台，大理石平台下面冒出一股股蒸汽在室内空间弥漫。见图3-5，图3-6。

2. 区域环境的内容

一般项目书或甲方都会提出设计的主题、风格、时间、预算范围等条件，这些都是设计师下一步设计要参考的因素，见图3-7。

图3-5　区域文化的概念（一）

图3-6　区域文化的概念（二）

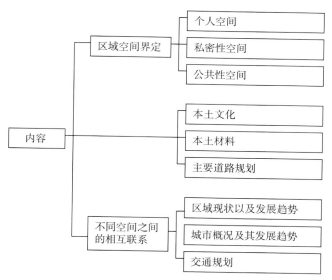

图3-7　区域环境的内容

3.区域概念的外延

区域概念的外延是指地域性，地域性概念的外部环境包括：国家政策、法律法规、经济水平等；内部环境包括：企业生产、经营、战略、优势等。设计思维的形成都受到周边环境的影响，如教育方式、文化修养、区域环境等，这些都是设计师个人风格形成的重要因素。孩提时烙印的文化观念是难以磨灭的，成年以后多少都会带有这种文化痕迹的影子。在各种文化背景熏陶下，设计师对美的阐述标准不尽相同，所以在不断完美自我审美修养的过程中，会产生出风格各异的表征文化形式。虽然会有不同的文化不停地渗入其他文化的影响，但最终都带着其根源文化的影子。各个民族文化的形成，也都带有其鲜明造型观念及审美要求，各种民族风格相互之间有许多共通之处，这就需要设计师去感受它、去理解它，融会贯通后才能为自己作品的价值好坏做出判断。

（1）地域性概念

本地的、民族的、民俗的风格以及本区域历史所遗留的种种文化痕迹。地域性在某种程度上比民族性更狭隘，并具有极强的可识别性。由于许多极具地域性的民俗文化及艺术品均是在与世隔绝的状态中发展演变而来，即使是在以往有限的交流和互通下其同化和异化的程度也是有限的，因而其可识别性是非常明确的。譬如同是刺绣品，湘绣和苏绣就相差甚远。

（2）地域性原则

地域性原则是一种开放的态度。"一个民族或地域的建筑特色，来源于本国本地建设资源的最佳利用。这里所说的建设资源，是广义的和人文的资源。"自然资源，如地形、光线、风和气候等；人文资源，如种族、身份、历史、风俗，以及构造方法等，只有运用在居住建筑中的装饰在尊重地方自然资源与人文资源的基础上进行设计，才能体现地域特色、文化，并使人们在情感上得到一种认同和归属。见图3-8~图3-11。

当然，要分清这些判断是否正确，要从观者所处的角度来出发：从高迪的浮华装饰到现时的极简主义，从时装的简约时尚到复古经典，每一次的设计思潮都在因时而变，因观念潮流渲染而折射出审美标准，最终影响设计创作的审美差别或者是验收标准。贝聿铭在谈及对卢浮宫新入口的设计构思时，曾经感叹到："在卢浮宫我想设计玻璃金字塔时，第一次非常强烈地意识到了历史。当时一边思考历史一边思考建筑。说真的，我有一种思考历史太晚的感觉。"

图3-8 中国民族或地域的
风情

图3-9 中国民族或地域的传统文化

图3-10　日本民族或地域的本土文化　　　　　　图3-11　日本民族或地域的传统文化图

　　判断室内设计风格趋向的标准有：时代感、个性化、地域性。

　　（3）地域性三个主要因素，见表3-1

表3-1　地域性三个主要因素

内容	主要因素			地域性的特征					
项目	本土的地域环境、自然条件、季节气候	历史遗风、先辈祖训及生活方式	民俗礼仪、本土文化、风土人情、当地用材	复兴传统风格	发展传统设计	扩展传统设计	对传统建筑的重新诠释	本土化设计是设计走向国际化的基础	民族性

　　（4）地域性的特征

　　1）复兴传统风格设计。其特点是把传统、地方建筑的基本构筑和形式保持下来，加以强化处理，突出文化特色，删除琐碎的细节，把传统和地方建筑及室内加以简单化处理，突出形式特征。见图3-12。

　　2）发展传统设计。运用传统、地方设计的典型符号来强调民族传统、地方传统和民俗风格。与第一种类型相比较，这种手法更加讲究符号性和象征性，在结构上则不一定遵循传统方式。

　　3）扩展传统设计。在形式上保持传统，而在用途上扩展现代的功能。

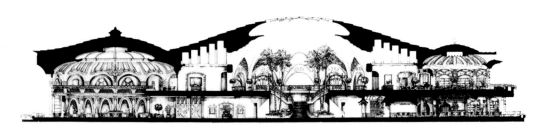

图3-12　地方建筑的基本构筑和形式

4）对传统建筑的重新诠释。这种方式与后现代主义的某些手法颇为接近。与西方建筑家的手法不同之处仅仅在于西方建筑家使用的是西方古典主义的建筑符号或者西方通俗文化的符号和色彩，而这个流派则主张运用亚洲和其他非西方国家的传统建筑符号来强调建筑的文脉感。作为后现代主义的一个流派来讲，这是应该得到提倡的一种途径和方式。见图3-13~图3-14。

4. 区域发展的相关性

针对区域发展的自然条件和社会经济条件的背景特征，及其对区域社会经济发展的影响进行分析，及区域环境规划与可持续发展目标的实现，探讨区域内部与自然及人文要素和区域间相互联系的规律分析。经济发展模式与经济发展阶段的研究，一是指区域内部特性的一致性和相似性，一是指区域内核心及与其功能上的相关性，分析其整体性与结构性。之后，根据收集的文献资料和现状调查情况，对方案设计做出可行性研究。见图3-15。

图3-13　地域文脉感（一）

图3-14　地域文脉感（二）

图3-15　区域环境规划生态发展示意图

3.2　适度设计

3.2.1　现状分析

在室内设计领域，材料的更新更加强调无污染无公害。从黏合剂到现场施工的工艺操作，均须考虑到健康设计的问题。另外，对旧建筑材料的再次使用也逐步被人们所接受和提倡。设计工作应该成为"减碳"的重要角色，不仅要着眼于为人们的社会生活增加艺术情趣，更要着力于直接影响人们的生活行为甚至是生活习惯。

目前，欧盟、美国、日本都将建筑业列入低碳经济、促进节能和克服金融危机的重点领域。欧洲近年流行的被动节能建筑，它可以在几乎不利用人工能源的基础上，依然使室内能源供应达到人类正常的生活需要。美国实验室主要研究领域之一就涉及到建筑的节能低碳，德国的建筑研究所把建筑热工学、建筑声学与室内设计有机地结合起来。在日本建筑师看来，低碳建筑并不是一个新名词，他们早在20年前就开始在建筑界践行。对于一个资源匮乏的岛国来说，能源就意味着生命，而低碳就成为大多数日本建筑师所考虑的出路之一。

3.2.2　多与少

密斯凡德罗一直秉持名言"少即是多"。如今，"少即是环保"成为了最新的设计理念。所谓"少"，即是少装饰的"减法"，就是空间中少用线角、花样和隔断等装饰手法，尽量用空间变化来达到效果，因为空间流动性对一个功能性场所来讲非常重要。在设计理论界早已有人提出"适度设计"、"健康设计"、"美的设计"等原则，包括今天的"绿色设计"，这都是现代设计新的定位，是为了防止现代的商业化设计给我们的自然环境带来破坏，防止社会生活过度物质化，防止传统文化被葬送甚至人性人情的失落和异化，从而让人类的子孙后代更艺术更健康地生活下去。如奥德设计的鹿特丹"联合咖啡馆"，他打破了一座房子必须是完整的封闭结构观念，并把房子的界面看成是可以独立发生作用的单位，它们可以相互穿插、交错、分离，形成上下、左右相互贯通的空间。"少"设计包括淡化奢华的设计理念、避免过度装饰、正确使用天然材料等。设计应该给人们带来的回归感本身就是一种极好的设计创意。可以说，真正优秀的简单设计是设计的最高境界。

3.2.3　适量与量度

设计的本质要求应该为：通过合理的设计，为人们提供舒适、耐用、愉悦心境的室内外空间环境。所以，设计不能一味追求炫耀型的消费与设计，而应强调其实用性与美学原则。我们亦允许并需要特定场合和特殊区域的"豪华"设计的存在，但不应让此类设计成为设计的主导，更不应该因为一味追求"档次高"与"豪华"而忽略或者远离基本的实用功能。真正的设计应该是适度地花钱并达到适度的效果，而非将造价与效果成正比。

"一座伟大的建筑物，必须从无可量度的状况开始，当它被设计着的时候又必须通过所有可以量度的手段，最后又一定是无可量度的。建筑房屋的唯一途径，也就是使建筑物呈现眼前的唯一途径，是通过可量度的手段。你必须服从自然法则。"——路易斯·康。这句话提醒我们设计应该减少不必要的、没有任何实际功能的"装饰"，而这些"装饰"也未必具有美感。在强化功能的前提下以适当的艺术设计形式完善的室内设计，是设计师应该追求的工作目标，而具备这样理念的设计一定会广受欢迎，且带来良好的社会效应。也许设计师在图纸上合理地少画一条线，就可以达到量度的效果，可以说，一项优秀的设计并非是昂贵高级材料的堆砌。

3.2.4　全球共生

世界万象或万事万物都是以生态平衡的形式存在的，现代科学的发展表明万物确是有"意"的。微生物、植物、动物、人，都早已被科学界证明，是有"意识"的。大自然、社会、宇宙就是处于这样一种有意的安排与和谐之中。在地球上，生物群落构成一个既有相互对应、相互制约又有相互依存的相对稳定的平衡体系，这种体系所表现的相对稳定平衡的态势就是生态的平衡，见图3-16。生态平衡如若受到严重破坏，就会危害整个生物群体，也必然会危及人类自身。因此，在室内设计中，必须维护生态平衡，贯彻协调共生原则、能源利用最优化原则、废弃物排除量最少原则、循环再生原则和持续自生原则。与此同时，让环境免受污染，让人们更多地接触自然，满足其回归自然的心理需求。

　　共生是指动植物互相利用对方的特性和自己的特征一同生活、相依为命的现象。所以从这个角度上讲，人类应重新审视自己，不要以所谓的科技手段与工具欺凌其他种类的动物，因为从一定意义上说我们人类与其他动物属于同类。以共生的角度来展望未来，对我们地球的所有成员多一些共同生存的考虑，以求得整个生物世界的和谐发展，是我们设计师越来越应该思考的问题了。至此，"以自然为本，"才是设计行业长期以来应当一直遵循的工作理念。见图3-17。

图3-16　人与自然的生态的平衡

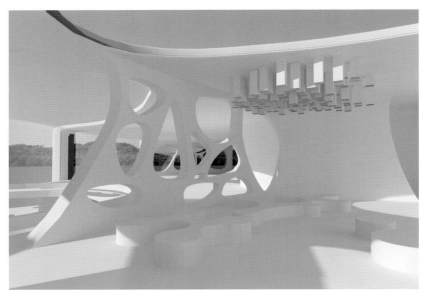

图3-17　以自然为本的设计理念

第 4 章

设计思维

4.1　设计思维

设计思维是人类认识客观世界之本质及其运动规律的理性方式。设计思维区分为直观动作思维、直观影象思维和逻辑思维等不同类型。室内设计以直观影象思维为主要手段，其表征如下：直观性，以直观的感性形象再现对象的形式要素和结构关系，符合人类感性认知客观事物的心理需求。用具体的形象表现人们不能直接感知的认知对象，为思维境界建构形象化的贯通性，与一维的逻辑思维线性结构不同，直观影象思维可运用二维平面结构、三维立体结构和四维动态序列结构，综合再现客观世界的完整图式，从而实现其简约性和运用形象描述事物的功能。设计思维不仅能够启发联想，并且可以缩短逻辑推理过程，使人们直接判断和理解形象所蕴含的意义成为可能，因此，室内设计作品的优劣从某种角度来说是设计思维的深入程度决定的。

4.1.1　思维模式

设计思维模式可分成创造性思维、再造性思维、艺术性思维。

创造性设计思维是具有高度实用价值和机动性的新颖思维活动，对现实的进步具有推动作用，其特点是非常规性，即打破传统概念，在对现实的新认识和新科技知识基础上另辟新径。在其思维过程中，不仅需要各种认知性（尤其是想象）心理活动的积极配合，更需要调动情感、意志、勇敢精神等全部积极的生理、心理功能，在思维过程中发挥其有效作用。

再造性思维是人们平常通过学习、记忆和记忆迁移等一般思维方式所进行的思维活动。只需按照常规并遵循传统思维方式和借鉴以往的知识经验，就可顺利进行和完成再造性思维。然而这种思维常固守成规，没有新意，不能推动现实的进步。

艺术性思维是一种特殊形式的思维，指人在心里对环境产生感觉而形成的记忆表象所进行的艺术加工，形成具有艺术形态的想象一种思维，一般也称为形象思维。人依仗艺术思维而对外部世界具有感染力的具象形式（声、色、形等）进行新的组合与创造，使其更加典型化、深刻化，产生更抽象、普遍的审美特点。不但艺术家在创作艺术作品时需要发挥丰富的艺术想象力，一般人在欣赏艺术作品时，也需要发挥艺术想象力才能充分感受艺术作品的魅力。

4.1.2 设计思维的程序

设计思维过程是从感性具体到抽象一般，再从抽象一般到理性具体。目的是在思维过程中再现客观事物内部联系，以把握其本质，使人在认识和改造自然的活动中，从事物的必然走向事物自由。

设计思维的一般程序是分析与综合、抽象与概括。分析是在观念上把整体事物分解为组成部分，把事物的各种属性区分开来；综合则是 在观念上把事物的组成部分联合为整体，把事物的各种属性集合起来。不对事物进行分析，就不能把握事物的完整性。

抽象与概括是分析与综合的高级程序。抽象是把事物的本质属性与非本质属性观念地区分开来。概括则是把事物的共同本质观念地联系起来。借助于抽象与概括，就可以从具体中认识一般，透过现象把握本质。

4.2 设计创意

任何创意的产生都需要大脑思考的过程，这个思维过程就是创意的方法。选择不同的创意方法，就有可能产生不同的创意；即使产生的是相同的创意，它们所经过的思考过程也是不同的，因而思考时间的长短、消耗精力的多少等必然不同。所以，选择最佳方法和寻找最佳捷径，是产生最佳创意的关键所在，也是产生创意必不可少的基础。见图4-1，图4-2。牛顿所用的是非系统法中"反一反法"或"意场感应法"，但如果他采用的是其他方法，那他有可能永远想不出所以然来。任何创意的产生都会有最简单的、快捷的方法，这直接关系到创意质量的好坏与成败，是产生创意所不可或缺的重要条件。

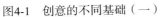

图4-1　创意的不同基础（一）　　　　图4-2　创意的不同基础（二）

4.2.1　方案构思

　　方案的构思是创造性最强的工作，设计师能否善于采用各种有助于创新思维的方法，对于设计项目的成败是至关重要的。创造性方法是室内设计方法重要的组成部分，它贯穿于装饰工程设计的全过程。可以说，设计是一种创造性劳动。

　　设计每一个环节都有其目标和相应的方法，而环节与环节之间又是渐进的、循环的，其最终的目标就是要学会用"系统方式"来解决室内空间问题，并学会在观察、分析、归纳、联想、创造和评价的设计全过程中积累实践经验。见图4-3~图4-9。

图4-3　渐进的、循环的设计目标　　　图4-4　归纳、联想、创造设计
　　　　　　　　　　　　　　　　　　　　　　　　目标

图4-5 空间的联想与创造（一）

图4-6 空间的联想与创造（二）

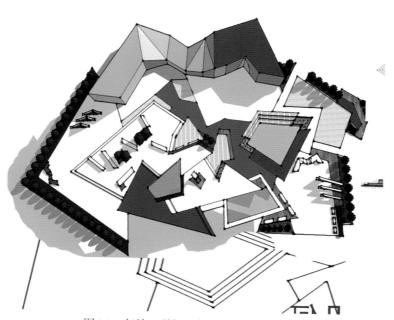

图4-7 归纳、联想、创造设计目标（一）

图4-8 归纳、联想、创造设计目标（二）

图4-9 归纳、联想、创造设计目标（三）

1. 设计原理的规律

设计原理的规律，如表4-1所示。

表4-1 设计原理的规律

1	主动原理（高压原理）	需积极、主动分析问题的意识，经常保持创造冲动，有强烈的好奇心，勇于设问探索。人不能在高压中生活，但实际上却时时处处经受着自然的、环境的、自我的高压，工作压力、社会压力、知识更新压力……主动原理（高压原理）实际也反映了抗压性，即敢于锐意创新、否定旧框框、怀疑现有结论的独到性，只有不断地对自身设计方案质疑，不断更新、完善设计方案，才能达到设计的最终目的。
2	刺激原理（激励原理或触发原理）	即广泛留心和接受外来刺激，善于吸纳各种知识和信息，对各种新刺激有强烈兴趣，并愿意跟踪追击。从控制论可知，任何系统（包括人）是在不断输入信号中，改造、转换这些信号，并变成所需的、等级更高的输出功能。这些输入信号对机器来说是人为的，而对人来说，则必须"眼观六路、耳听八方"，只有这样，才能从吸收输入大量的信号中，激励或触发出来新思想、新理论、新成果。所以设计人员要经常从各种信息载体中（书、刊、会、资料、专家与日常生活现象等）获取激励信号，建立头脑中的"信息库"，以便于届时取用。
3	希望原理（发散原理）	即不安于现状，不满足于既得经验或既成事物，追求事物（设计）的完善化和理想化。
4	环境原理	即保持自由和良好的心境，要创造允许失败的社会环境。
5	多多益善原理	树立"创造性设想越多，创造成功的概率就越大"的信念，解决任何设计问题都需要多方案、多设想。只有这样才能在比较鉴别的基础上做到择善而从。
6	综合原理	将多种设计因素融为一体，以组合的形式或重新构筑新的综合体来表达创造性设计的意义。
7	移植原理	在现有材料和技术的基础上，移植相似或非类似的因素，如形体、结构、功能、材质等，使设计获得创造性的崭新面貌。
8	扩大原理	对设计物或设计构思加以扩充，如增加其功能因素、附加价值、外观费用等。基于原有状态的扩充内容，在构想过程中可引发新的创造性设想。

9	缩小原理	与"扩大"相反，对设计的原有状态采用缩小、省略、减少、浓缩等方法，以取得新的设想。
10	转换原理	转换设计物的不利因素和设计构思途径，以其他方式超越现状和习惯性认识来达到新的设计目标。
11	重组原理	重新排列组合设计物的形体、结构、顺序和因果关系等内容，以取得意想不到的设计效果。

2. 创新性

要创新就要对头脑中存在的某种思维定式予以重新审视和组织，产生独特、新颖的"闪亮点"。"创"则显现时间上的初始，"新"强调新的记录，从前没有的性质。对于设计创新性的描述应该是"新的使用方法""新的材料运用""新的结构体系""新的价值观念"等，这就要求设计师在空间功能设计的时候，把更多的精力投入到"用"的环节。在"新材料的开发"环节、"新结构的实验"环节以及"新观念的表达"环节中，寻找空间设计的新元素，从而避免抄袭、拼贴等不良现象的出现，用这种解决问题的方法和思路来思考设计中存在的问题，有利于设计师创造性思维的开发。新的设计理念和新的设计思想，以及在这种新理念和新思想指引下所出现的设计，在首次出现时，往往会打上了创造者的烙印。在它问世以后可能面临着不同的处境和前景，也就是说，它不一定为大众所接受也不一定容易长期生存和发展。但正是这种"敢为天下先"的理念得到了社会的广泛尊重。也正是这样，社会才有了进步和发展。

3. 创新性的实践能力

创新性的实践能力，主要指创造过程中的设计能力、实验能力、应用知识解决实际问题的能力以及创造技能技法等。

应用知识解决实际问题的能力，即"对事物能迅速、灵活、正确地理解和解决的能力"。这种能力的发挥，最重要之处在于对知识的熟练掌握，只有把知识学深学透，学到融会贯通和运用自如的程度，才能正确地应用它去分析设计中出现的问题，才能够洞察深邃，找出产生问题的症结所在，才能够切实解决出现的问题。

知识、认识能力、远见卓识、实践能力、创造能力之间是相互联系、相互影响的，把这些因素有机地结合起来，就形成了创新人才所必须具备的智能系统。

动力系统与智能系统之间，是相互制约、相互促进的，从而推动着有志于成为设计团队创新人才奋发向上和不断前进。于是，这形成了一个个体创新人才系统，实践能力的培养是一条创新人才的成功之路。

4.2.2 素材再造

素材再造是通过观察、分析、归纳、联想的方式，始终贯穿设计的"目的"方向，并研究实现目的的外因限制、理解设计定位是建立目标系统后的设计评价系统，也是选择、组织、整合、创造内因（原理、材料、结构、工艺技术和形态）的依据。这个过程既能广泛消化前人的经验；又能学以致用地吸收自然、前人的营养，做出"它山之石，可以攻玉"的创造；其特点是既要创新也不能脱离实现。

1）联想阶段形成的创意要被设计目标不断地确认。见图4-10，图4-11。

2）所有创意方案要不断在选择、筛选过程中依据评价，以支撑、完善设计目标为目的。

图4-10　素材的再造选择、组织、整合过程

图4-11　联想阶段形成的创意

图4-12　设计的构思与想象

图4-13　设计的细节的过渡

3）从整体方案的创意到方案细节的创意；细节与细节的过渡；细节与整体方案的关系，即不同层次的"构思"都要与相对应的"想象"相呼应。见图4-12~图4-15。

图4-14　动感的构思方案

图4-15　细节与整体方案

4.3　创意新解

"一条创意可以改变一个人的一生，一条创意可以创造一个时空奇迹"。

创意的方式千变万化，面对几百种创意技法，如何形成系统化、条理化的创意技法分类系统，是一个很大的难题。这是因为：第一，绝大多数技法都是研究者根据其实践经验和研究总结出来的，缺乏统一的理论指导；第二，各种技法之间并不存在线性递进的逻辑关系，形成统一的体系较难；第三，创意思维是一种高度复杂的心理活动，其规律还未得到充分深刻的揭示，难免出现各执一端的状况。这样，各种技法在内容上彼此交叉重叠，既相互依赖，又自成一统。可以说，创意没有固定的模式，也没用标准的答案。

下面，我们根据室内设计的特性，来对室内空间的创意思维概念加以整理与分析。

4.3.1　智慧与激励

强调激励团队的智慧与力量，在室内设计前期方案运作过程中，着重强调团队的互相激发的思考办法。激发团队每位设计师的潜能，在内部进行互动式方案构思与快题设计，充分发挥每个人的智慧与能量。

该方法也称之为头脑风暴法。在群体决策中，由于群体成员心理相互作用影响，易屈于权威或大多数人意见，形成所谓的"群体思维"。群体思维削弱了群体的批判精神和创造力，损害了决策的质量。为了保证群体决策的创造性，提高决策质量，管理上发展了一系列改善群体决策的方法，头脑风暴法是较为典型的一个。头脑风暴法又可分为直接头脑风暴法（通常简称为头脑风暴法）和质疑头脑风暴法（也称反头脑风暴法）。前者是在专家群体决策尽可能激发创造性，产生尽可能多的设想和方案，后者则是对前者提出的设想、方案逐一质疑，分析其现实可行性的方法。采用头脑风暴法组织群体决策时，要集中有关专家召开专题会议，主持者以明确的方式向所有参与者阐明问题，说明会议的规则，尽力创造在融洽轻松的会议气氛。一般不发表意见，以免影响会议的自由气氛。由专家们"自由"提出尽可能多的方案。

1. 智慧与激励创意的三个特征

1）人人都有创造性的设计能力，集体的智慧高于个人的智慧；

2）创造性思维需要引发，多人相互激励可以活化思维，以此来产生出更多的新颖性设计构思；

3）摆脱思想束缚，保持头脑充分自由，有助于新奇想法的出现，过早的判断有可能扼杀新设想。

2. 智慧与激励创意的三种方式

一是普遍采用的一种设计方法，在指定时间内，由方案设计师独立完成设计方案，以手绘草图的形式，构想出大量的意念型构思方案，通过例会的形式进行方案解说，经过集体讨论，由他人提出问题，并从中提出其他的设计构想，反复多次论证，最终确定方案。

二是召集4名设计方案师参加会议，每人针对设计方案以手绘的形式做出3种设计方案，有时间限定。然后将各自设计方案相互交换，在第二时间内每人根据别人的启发，再在别人的设计基础上做出3种完善后的设计方案。如此循环，这种方法采用设计相互交流的方式来完善设计方案。

三是是强调多学科的集体智慧思考的方法，通过扩大知识来源范围的办法，并达到最终设计目标。运作过程既要保证大多数参与者是室内设计领域的专业人，也要吸收一些知识面宽的外行人参加，其中包括相关的景观设计师、建筑师、文学家、画家、音乐家、物理学家、旅游爱好者等，站在不同的角度展开设计思维联想。

智慧与激励创意三种方式的规则：

1）在方案解说过程中，不要暗示某个设计构思的正面作用或它的一些消极的反作用，所有的想法都有潜力成为好想法，所以要到最后才能评判其合理性。暂时避免讨论这些观点，因为这最终将导致两种后果。设计观点的提出应该作为一种初步方案，表面上不合理的构思或许会引发合理的想法，所以要到设计会审过程之后才能评判这些观点，记录下所有的观点，这里没有正确与错误的评判标准。

2）一种狂热或夸张的设计构思，比率先想出中规中矩、立即生效的观点要容易得多。观点越"疯狂"越好。大胆说出奇异的和不可行的设计观点，看看这些构思能够引发什么新意。

3）供选择的设计方案越有创造性越好。如果会议结束时有大量的想法产生，那就更可能产生一个非常好的方案。

4）建立在其他人的设计观点之上并进行设计思路的扩展。试着把另外的想法加入到自己的观点之中。使用其他的人设计观点来激发自己的观点。有创造力的设计师也是最好的听众。结合一些提出的观点来探索设计新的可能性，采纳和改进他人的想法，并同生成一系列的设计理念一样有价值，而呈现出来的每个参与的设计师的观点都属于设计团体，不属于提出这个观点的人。

3. 智慧与激励创意的过程

1）选择合适的会议主持人。参加会议的人员一般以5~10人为宜。人员的构成要合理。由设计团队的核心人员构成。

2）确定研究设计任务目标方向。确定会议讨论的设计方案主题。

3）明确会议规则。这是同一般的集体讨论会的最明显区别。与会者要遵循以下规则：优雅清新的环境；自由奔放原则；禁止评判原则；追求数量原则；借题发挥原则。

4）启发思维，进行发散，畅谈设想。充分运用自己的想象力和创造性思维能力，畅谈自己各种新颖奇特的想法。会议一般不超过一小时。

5）整理和评价。会后由设计主持人、设计总监或秘书对设想进行整理，组织评价人员（一般以3~5人为好），也可由设计方案设想的提出者组成，但其中应包括对项目跟踪的设计人员。根据事前明确的涉及方案进行评价筛选。评价指标包括两部分：其一是专业、技术上的"内在"指标，主要是衡量设想在专业上是否有根据，在技术上是否先进和可行；其二是实施的可操作性、客户群的"外在"指标"，主要是衡量设想实现的现实性和是否能满足用户及开发商的需求。

4.3.2　推理与创新

1. 提问

用提问的方式来打破传统思维的束缚，扩展设计思路，以此来提升设计师的创新性设计能力的一种方法。以创造新理念作为前提，开启设计师智慧的闸门，引发思考和想象，激发创造冲动，扩展创造思路。

（1）提问的具体内容

为什么要针对此项目的设计？为什么采用这种结构？明确目的、任务、性质？

此项目的功能属性是什么？有哪些方法可用于这种设计？已知的？哪些方面需要创新？

此项目的用户及开发商是谁？谁来完成此设计？是自己独立完成，还是成立设计小组？

什么时间能完成此项设计？最后期限是何时？各设计阶段何时开始？何时结束？何时鉴定？

该设计用在什么地方？哪里？哪个行业？哪个部门？在何地投产？

怎样设计？结构如何？材料如何？颜色如何？形状如何？

……

（2）提问的特点

如此逐一提问并层层分解，设计要具有目的性、针对性，就像医生对病人要对症下药，才能做到药到病除，达到最终目的，使设计工作很快进入实质性操作阶段。同时，也可以按照逆向思维提问，即始终从反面去思考问题。如：反向理解设计项目？柱头为什么不能倒放？椅子为什么不能两面坐或悬空？

2.列举

任何设计方案都不可能是尽善尽美的，总是存在缺点和误区。要克服设计的不足，就要通过列举大师作品或成功的设计案例来提升设计的品质、确定设计的价值。抓住设计的准确性，就意味着抓住设计目标的本质。

随着科技的不断发展，新理念、新材料不断更新。人们的居住环境永远不可能完全得到满足，一种需要满足之后，还会提出更高的需求。

（1）列举的具体方法

特性列举法、缺点列举法、希望列举法等。有针对性地系统地提出问题，会使我们所需要的设计项目信息更充分、更完善。

（2）列举的特性

名词特性。如材料：水泥、叶子、风、水等。

形容词特性。如颜色：白、黑、红、墨绿、天蓝、紫红等；又如结构、形状。

功能特性。现代、艺术、自然、表演、行为艺术等。

3. 类比

通过两个（类）设计对象之间某些相同或相似之处来解决其中一个设计项目需要解决的问题。其关键是寻找恰当的类比对象，这里需要直觉、想象、灵感、潜意识等创意灵感。

（1）类比系列的方法

以两个不同的设计项目进行类比，作为主导的创意方法系列。

（2）类比系列的特点

是以大量的联想为基础，针对设计项目以不同事物之间的相同或类似点为纽带，充分调动想象、直觉、灵感诸功能，巧妙地借助他事物找出创意的突破口。与联想族技法比较，类比族技法更具体，是一个更高的层次。

4. 组合

将两个以上的设计元素或设计取向点进行组合，获得统一整体的设计，在功能、形态、形成统一的切合点，进行组合。适用于设计过程的方案阶段，通过寻求问题、论证问题、产生设计联想，达成共识，来解决设计的问题。

5. 逆向

"左思右想"、"旁敲侧击"说的是创新思维的形式之一。在设计过程中如果只延着一个思路，常常找不到最佳的感觉，这时可让思维向左右发散，或作逆向推理，有时能获得意外的收获。逆向思维也可称为"异想天开"，最能体现设计创意的"亮点"，并改变对设计本身固有模式的看法。对设计创意和材料的使用，本着"不惜任何表达手法，把原创放在第一"的原则。在确定设计主题前提下，满足使用功能及空间美感需求，运用材料的肌理与材质对比，空间色彩的美以及光的运用，达到整体的和谐韵律的美感，并且，也可借用艺术图案打散构成的设计原理。将模式化的设计元素进行重新分解，注入新的设计理念、元素、符号，引入新的价值观、观审美观进行分解、重组，组成新的设计形式。后现代、新古典主义、新中式风格就是其中比较有代表性的设计。

6. 立体

设计思维的广度是指善于立体和全面地看问题。在设计过程中，围绕问题的多角度、多途径、多层次，跨学科地进行全方位研究，又可称之为"立体思维"。包括求同法、求异法、同异并用法、共变法、剩余法、完全归纳法、简单枚举归纳法、科学归纳法和分析综合法等各种不同方法。

学会观察问题的各个层面，分析设计的各个细节，综合考虑，加上突破常规、超越时空的大胆设想，抓住设计重点，形成新的创意思路。

设计的广度表现在取材、创意、造型、组合等各方面的广泛性上。思维的深度指考虑问题时要深入客观事物的内部，抓住问题的关键、核心，即对设计的本质部分进行由远及近、由表及里、层层递进、步步深入的思考，又称为"层层剥笋"法。同时，设计作品中的效果表现正是思维深度的具体体现。

4.3.3　意识与再造

1. 热线

"热线"是指意识孕育成熟了的、并和潜意识相沟通的一种设计思路。这种"热线"一旦闪现，就要紧追不舍，把设计思维活动推向高潮，向纵深发展，直到获得创意的成果。

2. 导引

灵感的迸发几乎都要通过某一偶然事件作为创意的"导火线"，刺激大脑，引起相关设计联想，然后才能闪现。只有找到了"诱因"，才能达到灵感的"一触即发"。如自由的想象、科学的幻想、发散式的想象、大胆的怀疑、多向的反思、偶遇的现象等。

3. 梦境

一个人身心进入似睡非醒状态时，脑电图显示出一系列的西托波，即脑电波。做梦时，常常会迸发出设计创意的灵感。假想法正是一种可以冲破人们习惯性思考的好方法，它可使人摆脱旧的思维定式，开拓创新设想，寻找解决问题的对策。

综合上述所言，设计师要激发创意潜能并非难事，但先决条件必须要做到下列几点方有机会。作为方案设计师，适度的放松是有必要的，目前较流行的禅膝打坐、闭目冥想或运动、休闲旅游，都是很好的方式。设计不能依附固定模式，预先设定立场与做法，虽不敢说创意绝对不会出现，但是其出现的概率的确实会降低。总之，假想创意技法可使人透过司空见惯的现象并观察到新的光芒，帮助人超越现有的种种屏障造成的习惯意识，展开思维的自由飞翔，取得令人神往的种种新颖创意。世界上的事物万紫千红，异彩纷呈，创意思维与设计技法也必然无穷无尽。

4. 心智图

此法主要采用意念的概念，是设计观念图像化的思考策略。以线条、图形、符号、颜色、文字、数字等各样方式，将意念和信息以手绘的形式，快速将以上各种方式以草图的形式摘要下来。在设计概念上，具备开放性及系统性的特点，设计师能自由地激发扩散性思维，发挥联想力，又能有层次地将各类想法组织起来，以刺激大脑做出各方面的反应，从而得以发挥"手脑合一"的思考功能。

5. 发射

设计思维在一定时间内向外放出来的数量，及对外界刺激物做出反应的速度，是设计师对设计案例做出的快速反应，以激发新颖独特构思的衡量水准。这是以丰富的联想为主导的创意技法系列，其特点是创造一切条件，打开想象大门；提倡海阔天空，抛弃陈规戒律；由此及彼传导，发散空间无穷。虽然从技法层次上看属于初级层次，但它是打开因循守旧堡垒的第一个突破口，因此极为重要。"头脑风暴法"是联想系列技法的典型代表。它所规定的自由思考、禁止批判、谋求数量和结合改善等原则，都是在为丰富的想象创造条件。

其特点是把创意对象的完美、和谐、新奇放在首位，用各种技法实现之，在设计创意中充分调动想象、直觉、灵感、审美等诸因子。完美性意味着对创意作品的全面审视和开发，因而属于创意技法的最高层次。联想、类比、组合是臻美的可靠基础，而臻美则是它们的发展方向。作品或产品的完美是无止境的，臻美是一个需要不断努力的过程。

在设计创意过程中，联想是基础，类比、组合是进一步的发展，属于中间层次，而臻美是最高境界、最高层次。应当看到，一切创意技法都不过是创意设计的辅助工具，应根据具体实际情况而具体发挥。

6. 求同与求异

艺术的求同、求异思维，好比以人的大脑为思维中心，各种思维模式从外部聚合到这个中心点，或从中心点向外发散出去，以此为基础又引申为思维的方向性模式，即思维的定向性、侧向性、逆向性发展。在室内设计中常常是多次反复，求异—求同—再求异再求同，二者相互联系，相互渗透，相互转化，从而产生新的认识和创意思路。

7. 分与合

将原不相同亦无关联的设计元素加以整合，产生新的设计意念。分合法利用模拟与隐喻的作用，协助思考者分析问题并产生各种不同的观点。

本章归纳的创意设计系列技法，不可能是完整无缺的。中国有一句古话："运用之妙，存乎一心。"重要的是追求，不断地探索创新，是设计最本质的问题。

第 5 章

功能空间

5.1 平面功能分析

1. 功能的释解

"功能"是指事物或方法所发挥的有效作用。这里所说的功能是指能给人在生活或生产中提供有效的物质环境的作用。空间不是凭空产生的，它的产生建立在功能需求的基础上。意大利著名建筑师布鲁诺·塞维认为，现代建筑最本质、最核心的原则是"按照功能进行设计的原则"。他指出：功能的原则"是建筑学现代语言的普遍原则，是当代建筑规范中基本不变的准则。"他对这一理念有其独到的见解，可以总结以下几点：

1）从功能出发考虑设计，回到零点，抛弃一切现存的东西。

2）推翻过去，排除一切标准化、形式化的规则（也就是固定模式的标准化实物）。

3）要拥有判断和选择的无上权利和永无止境的探索精神。

空间的功能包括物质功能和精神功能。物质功能包括使用上的要求，如空间的面积、大小、形状，适合的家具、设备布置，使用方便，节约空间，交通组织、疏散、消防、安全等措施以及科学地创造良好的采光、照明、通风、隔声、隔热等物理环境等。

空间的功能反映时代特征，反映不同的信息资源，而创新必须体现出与传统方式回到"原点"的重新组合。不同之处在于，今天的信息社会促使空间形式向灵活、高效、便捷的方向发展，人与空间环境的互动关系被前所未有地加以强调，"功能空间"的功能性利用空间概念创新成为显著特征。

2. 平面功能布置

平面布置图的特点是能够准确地表达出空间环境的全局使用情况、平面形式特征，它能够将空间比例关系、尺度关系、功能分区、交通动线等表现得完整无缺。其中功能动线分析图是将复杂的问题转变为清晰明了的客源分流，并将这些分析图用"可视化"的视觉图形语言表达出来，使其一目了然。另一方面，平面图是对各功能区面积的分配。比如，办公空间中，共享空间要作为设计的重点并分配最大的面积；商业展卖空间中，作为展示商品的展卖空间就是设计的重点，所以要对此分配最大的面积；餐饮空间的设计中，厨房的设计是重点，要分配一定比重的面积。因此，在空间布局上，要首先考虑能满足基本需求的配制，节省并充分利用有限的空间，为每一个功能区域分配合理的面积。

5.1.1　面积的分摊、界定

在对每个功能区域做大的概念分区之后，要做的就是对各功能区进行有机整合，即如何把各功能区域及层次性有机联系起来，哪一个区域要连接哪一个区域，既要满足人们使用上的便利性、快捷性，又要使整个空间动线流畅，这就体现了平面规划的重要性。

1. 空间运用串联方式

空间运用串联方式强调并制造空间之间的联系，为人们带来更多样的生活可能；寻找一种更合理的方式，减少传统分割式空间设置造成的走廊等空间的浪费。让空间能够因我们生活所需，呈现出"有时围合，有时开放，有时独立，有时复合"的新面貌。采用连续弧形隔断墙划分室内空间，可营造出现代形式感的"流动空间"，以此作为整个室内空间的主脉。

2. 对使用功能的分析，见表5-1

表5-1　对使用功能分析

内容	确定使用人群的主、次行为		界定行为的性质						空间尺度的要求		
项目	主要行为的名称与功能	次要行为的名称与功能	主动与被动	对声音的控制	公众行为与私人行为	对空间的多功能需求	空间使用频率	时间要求	使用行为对面积的要求	社交距离与避免相互干扰的距离尺度	使用行为与空间高度及地面形状的分析研究

5.1.2　平面功能分区与流程

平面图是对使用功能的合理划分和对使用面积的适度分配，并使其达到功能的最佳满足方式，有墙体、柱体定位尺寸，并有确切的比例。不管图样如何缩放，其绝对面积不变。有了室内平面图后，设计师就可以根据不同的空间布局进行室内平面设计。

平面设计图可以划分为平面设计图和顶棚平面设计图。

平面图表现的内容有三部分，第一部分标明室内结构及尺寸，包括室内的建筑尺寸、净空尺寸、门窗位置及尺寸；第二部分标明结构装修的具体形状和尺寸，包括装饰结构在内的位置，装饰结构与建筑结构的相互尺寸关系，装饰面的具体形状及尺寸，图上需标明材料的规格和工艺要求；第三部分标明室内家具、设备设施的安放位置及其装修布局的尺寸关系；第四部分标明家具的规格和要求动线与流程的尺度与功能分区。见图5-1~图5-5。

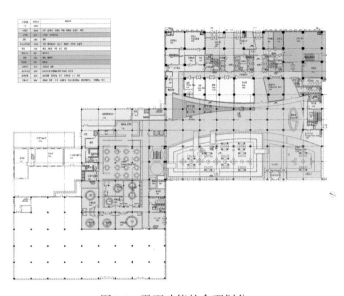

图5-1　平面功能的合理划分

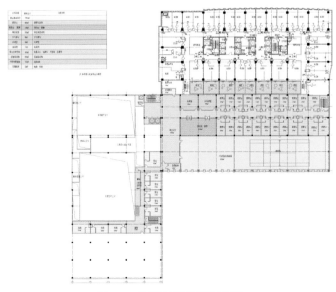

图5-2　使用面积的适度分配

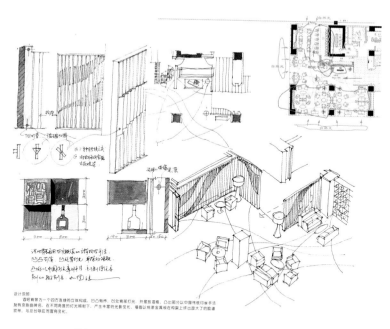

设计说明
　　酒吧背景为一个四方连续的立体构成，凹凸有序弗，凹处背部打光，并集放酒瓶，凸出部分以中国线描勾勒手法
刻有京剧脸谱名。在不同角度的灯光照射下，产生丰富的光影变化。墙面以烧漆生漆板在构架上拼出很大的脸谱
纹样，与总台导向图案有变化。

图5-3　酒吧区动线与流程的尺度与功能分区

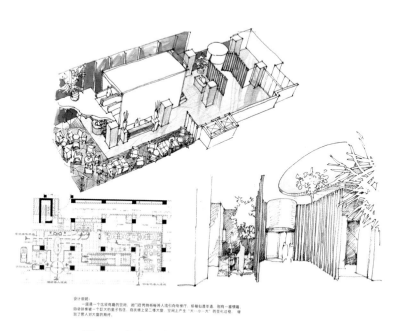

设计说明
　　一层是一个比较有趣的空间，进门迎有偶楼将人造引向楼梯厅，楼梯似通幽道，旁有一番横幅，
自动扶梯橡一个似大的盒子包住，但扶梯上至二楼大堂，空间上产生"大－小－大"的变化过程，增
加了客人对大堂的期待。

图5-4　大堂区动线与流程的尺度与功能分区

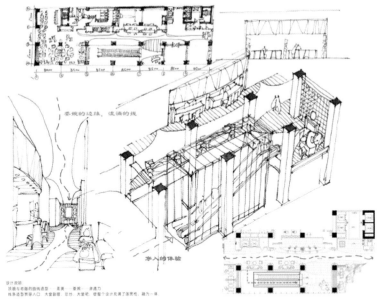

图5-5　餐饮区动线与流程的尺度与功能分区

5.2　空间的形态

　　"空间"是室内设计的本质，也是建筑的生命。贝聿铭把空间理解为"空间与形式的关系是建筑艺术和建筑科学的本质"；美国建筑师沙利文把功能与形式关系归纳为"形式由功能而来"。空间形态的设计必须依赖于实体的塑造，而作为空间形态构成要素之一的材料常常以实体或实体表皮的形式出现，并被设计师所关注。材料的质感、肌理、色彩经过不同手段的处理，在光影效果和结构方式的作用下呈现多种不同的性格和特征，赋予空间某种气质和品位。见图5-6~图5-11。材料的纹理和质感在空间中具有很强的亲和力。空间形态的各种信息，绝大部分是通过人们的视觉活动而获取的。

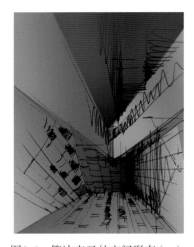

图5-6　简洁交叉的空间形态（一）

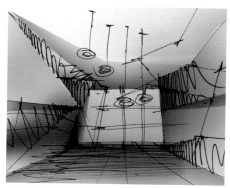  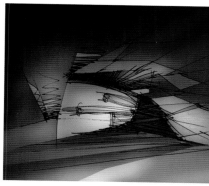

图5-7 简洁的空间形态（二）　　图5-8 简洁的性格和特征　图5-9 充分利用空间的设计

图5-10 用方形的元素形成的形态造型　　　图5-11 用异形的元素形成的形态造型

5.2.1 空间点、线、面的交织

在思考室内空间形象时，应首先区别其具体空间环境，即空间环境虚实形态内在的有机区别与联系。虚形态，如以上提到的环境场所、空间知觉及光影层次等；实形态，则包含点、线、面、体等。空间形象构成最基本的因素是点、线、面，它们是构成室内环境的单元体，具体可分为理性形态、抽象形态和自然形态。

设计就是着重于点、线、面的灵活运用，并由此而把整个环境营造出家的温馨。空间的点、线、面、交织成体量，在室内设计的主要实体环境中，表现为客观存在的功能限定空间要素。室内就是由这些实在的限定要素而组成：地面、顶棚、四面围合成空间的基本要素的形状、颜色、质地、光线、比例、尺度、平衡、和谐的空间，见图5-12，图5-13，就像是一个个形状不同的盒子，我们把空间的要素称为界面。界面有形状、比例、

图5-12　四面围合成空间界定

图5-13　空间界定的形状、比例、尺度

尺度和式样的变化，这些变化造就了建筑内外空间的功能与特点，使建筑内外的环境呈现出不同的氛围。

室内空间的类型可以根据不同空间构成所具有的性质和特点来加以区分，以利于在设计组织空间时被选择和利用。点、线、面、体、空间、色彩、光影等元素就如同音乐中的"音符"，通过调和、均衡、韵律等形成不同的美妙的"音乐"，这些有限的"元素"表达的统一与变化、韵律与节奏也是千姿百态的。

1. 空间界面要素构成

由空间界面要素构成的空间实体，表现为存在的物质实体和虚无空间两种形态。前者为限定要素的本体，后者为限定要素之间的虚空。从环境艺术设计的角度出发，建筑界面内外的虚空，都具有设计上的意义。空间的实体与虚空，存在与使用之间是辩证而统一的关系。见图5-14~图5-16。

显然，从环境的主体——人的角度出发，限定要素之间的"无"比限定要素的本体"有"更具实际价值。如毕尔巴鄂古根海姆美术馆，集中盖里后期的解构主义思想，强调建筑界面要素构成，表现出一种非常规的风格，具备雕塑的特征。盖里改变了建筑的封闭秩序感特征，以舞蹈般的扭曲来整体性地达到非理性的均衡。

图5-14　实体和虚无空间

图5-15　线的界面（一）　　　　　　　　　图5-16　线的界面（二）

2. 空间与"场"

空间是运动着的物质存在形式，环境中的一切现象，都是运动着的物质的各种不同表现形态。其中物质的实物形态和相互作用场的形态，成为物质存在的两种基本形态。物理场存在于整个空间，如电磁场、引力场等，带电粒子在电磁场中受到电磁力的作用，体在引力场中受到万有引力的作用，实物之间的相互作用就是依靠有关的场合来实现的，"场"本身具有能量、动量和质量，而且在一定条件下可以和实物相互转化。按照物理场合的这种观点，场合和实物并没有严格的区别。室内空间的"无"与"有"的关系，同样可以理解为场合与实物的关系。见图5-17~图5-32。

图5-17　空间力与"场"的作用力（一）

图5-18 空间力与"场"的作用力（二）

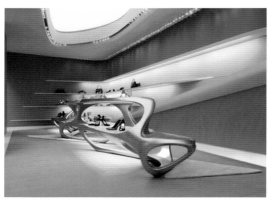

图5-19 空间力与"场"的作用力（三）

图5-20 空间力与"场"的作用力（四）

图5-21 空间力与"场"的作用力（五）

图5-22 空间力与"场"的作用力（六）

图5-23 空间力与"场"的作用力（七）

图5-24 空间的大小体现"场"的关系（一）

图5-25 空间的大小体现"场"的关系（二）

图5-26 空间的大小体现"场"的关系（三）

图5-27　空间体现"无"与
　　　　"有"的关系（一）

图5-28　空间体现"无"与
　　　　"有"的关系（二）

图5-29　空间体现"无"与
　　　　"有"的关系（三）

图5-30 空间力与场的关系（一） 图5-31 空间力与场的关系（二） 图5-32 动感色块形成的图案

5.2.2 空间的尺度、比例与模度

尺度是指在空间设计中整体的尺度适度概念。包括整体与局部、局部与局部的尺度关系。

思维创意设计的形式也要求对空间设计的各部分尺寸加以慎重的平衡。它多取决于"空间尺度"。同一形状在不同尺度的空间情况下，不但改变了大小，甚至会改变性质。对各部分在形式上所发生的作用，对比会影响尺度感，恰当利用空间的比例与尺度这一原理，可以增加空间尺度的层次感。

1. 人与空间的关系

室内空间尺度首先是要把人考虑进去，空间是让人从内空来感悟的。所以设计空间尺度时首先应考虑人和空间的比例关系，若以表现景为主，单看景是好的，空间比例也恰当，人走进去时，却会感到不适应。另外，空间构成不仅是以人的活动为根据，也应是构成室内空间的一个非常重要的动态因素。人们根据自己的生活经历，常常会体验到高低不同、大小不一的空间环境，会给人以不同的精神感受。例如，高大的空间会让人们感到崇高向上、开阔宏伟，低矮小巧的空间，则会使人感到温暖亲切，更宜于情感交流。人们对空间尺度比例的感知和对空间高低大小的判断，往往是凭着自己视野所能及的墙面、顶棚和地面所构成的内空的整体观感来体验的。

因此，构成空间创意设计的比例与尺度感，除了依据绝对尺寸来推敲各个围护体面的比例尺度外，还要参照室内环境中活动着的人们视域中经过视觉透视规律订正过的真实感来决定。一般较大的空间尺度，大多侧重于对空间环境艺术形象的整体创造；而少数人活动的小空间，如精品、小饰物等则侧重于考虑亲切感。这些都应是运用艺术与技术手段，精心组织设计的，这就形成了这些构件在空间中的关系，不是单一简单的空间环境，而是经过艺术加工形成的空间创意与环境再造设计。

2. 室内空间尺度的延伸

空间延伸或扩大是为了使一些小尺度或低空间的室内获得较为开阔、爽朗的视感境界。相比而言，室内的空间是有限的，为了扩大室内空间，首先是沟通室内与室外之间的联系，其次是处理好它们之间的过渡。在空间处理上主要有先抑后扬、以小见大或共享空间等方法，主要是诱导客人视野顺应围合面而延伸，以打破闭塞的局面，这样就可以使空间感流通，变有限空间为无限空间。室内空间感的延伸、扩大，首先要求建筑物的外围护体在技术上具有通透处理的可能性，以达到实体与虚体空间的协作。

总之，室内空间的创意设计是空间的架构、穿插、层次等多种艺术效果的交融与渗透，这些手法深刻地影响室内环境设计，许多优秀室内环境设计作品，常常以导向分明、通透淋漓、层次丰富的特点，取得了空间创意在总体结构与风格情趣上的和谐一致。

5.2.3　空间流动的音乐

赖特曾说：“任何真正的建筑师或艺术家只有通过具体化的抽象才能将他的灵感在创作领域中化为形式观念，为了达到有表现力的形式，他们也必须从内部按数学模式的几何学着手创造。”

1. 流通的空间

流通的空间的概念产生于20世纪初，这是个很前卫的名词，在当时属于创造性的突破。开创了与以往完全不同的封闭或开敞空间。这些流动的、贯通的、隔而不离的空间也开创了另一种概念。见图5-33，图5-34。这对西方来说是新玩意儿，而在古老的东方，无数文人和工匠早已知道并精通流动空间这一概念。而著名的《园冶》更是将其理论化了，“移步换景”和“虚实互生”，苏州园林就是最好的证明，“咫尺之内造乾坤”就是他们对“流通空间”出神入化的理解与应用。“山重水复疑无路，柳暗花明又一村”，中国文人对这种空间的理解与密斯又何其相似。

图5-33　流动的、贯通的、隔而不离的空间（一）

图5-34　流动的、贯通的、隔而不离的空间（二）

2. 空间的节奏

空间设计的节奏，是建立在重复基础的空间连续分段运动，表现形体运动的规律性。

1）节奏从形式规律的角度来描述，可以分成重复节奏和渐变节奏两类。

重复节奏：由相同形状的等距排列形成，无论是向两个方向、四个方向延伸还是自我循环，都是最简单也是最基本的节律，是一种统一的简单重复，像音乐节拍一样。同一形状重复出现的间隙是短时间的，有较短的周期性特征。

渐变节奏：渐变节奏仍然离不开重复，但其中每一个单位都包含着逐渐变化的因素，从而淡化了分节现象，有较长时间的周期性特征。在形状的渐大渐小、位置的渐高渐低、色彩的渐明渐暗以及距离的渐近渐远。渐变节奏在平面构成中有最典型的表现，因为复杂多样的形态在这里简约、还原为最基本的几何形态和标准化的色彩，其中的结构就像剔除肌肉的骨骼一样显露出来。

2）把韵律比喻为诗的音韵和词的格律。音韵是一种相近、相似的组合规律；格律是长短句的抑扬顿挫。

韵律是既有内在秩序，又有多样变化的复合体，是重复节奏和渐变节奏的自由交替。因此，它的规律往往隐藏在内部，表面现象则是一种自由的表现，往往比较难把握。有重复，但不刻板；有渐变，但较自由。重复和渐变交替置换形成若干层次的节奏复合。这就是韵律的典型。

3）秩序是空间产生美的必要条件，人天生需要秩序，杂乱无章的环境会使人痛苦不安。当一种简单规则的图形呈现在面前时，人们会产生极为舒适、平静、愉快的感受，而乱糟糟、毫无组织、缺乏连续性的线条则不能带来这种体验。

在自然界中，树的年轮、动物身上的图案、螺贝的螺旋关系、雷电、云彩等无一不充满了秩序之美。现代设计强调整理形态，如"渐变、放射、特异、对比、统一"等，都是整理形态使之产生美的方法。

3. 空间的气氛美学

空间气氛美学是一种总印象，但空间氛围则更接近于个性，是能够在一定程度上体现环境个性的东西。我们通常所说的轻松活泼、庄严肃穆、安静亲切、欢快热烈、朴实无华、富丽堂皇、古朴典雅、新潮时尚等形容词就是关于氛围的表述。室内环境应该具有什么样的氛围，是由其用途和性质决定的。在空间环境中，还与人的职业、年龄、性别、文化程度、审美情趣等具有密切的关系。

我们要改变空间的气氛与空间的情感，可以说，室内环境的意境美是室内环境精神功能的最高层次，也是对于形象设计的最高要求。

从概念上说，室内环境应该具有何种氛围是容易确定的，如起居室、会客室应该亲切、平和，宴会厅应该热烈、欢快，会议厅应该典雅、庄重等。但实际上，由于室内环境的类型相当复杂，即便是同一大类的建筑，当规模、使用对象不同时，其体现的氛围也可能是完全不同的。如同为国际报告厅，国家大剧院和一般剧院不可同样看待；同为餐厅，总统套房的餐厅和一般用于婚、寿、节庆的宴会厅的氛围也不可能相同。对此，设计师必须本着具体情况具体分析的精神加以判断和处理。

空间的意境比氛围更有层次及深度，也更具空间的导向性。其中之"意"，可以理解为"情景""情志"或"情意"等，类似文章的主题概念，是设计师想要表达的创意与情感。其中之"境"，可以理解为"场景"或"景物"，是用来传达设计者思想情感的"设计思维"。

设计情感和设计思维是任何艺术门类都应具备的基本要素，有情感而没有合适的思维构不成设计，不能表达情感的思维同样算不上艺术。要使室内环境具有深刻的意境，从创意角度说，就要"见景生情"，"先情后意"，即托物寄情；从欣赏角度说，就是欣赏者能够从感知的空间环境中，受到灵感的启发、感悟、陶冶甚至震撼，引发思想情感上的共鸣，即触景生情，猛然而发。

空间形式美的规律如平常所说的构图原则或构图规律，如统一与变化、对比、韵律、节奏、比例、尺度、均衡、重点、比拟和联想，等等，这无疑是在创意思维中必不可少的手段。许多不够完美的设计作品，总可以在这些规律中拽出某些不足之处。由于人的审美观念的发展变化，这些规律也在不断补充、调整，并产生新的空间架构规律。

但是符合形式美的空间却不一定达到意境美。流水别墅的"幽雅"，朗香教堂的"神秘"，都表现出建筑与空间的性格特点，达到了具有感染强烈的意境效果，是空间气氛美学的典范。由此可见，形式美只能解决一般问题，意境美才能解决特殊问题；形式美只能涉及问题的表象，意境美才能探入到问题的本质；空间的形式美只是抓住了人的视觉，空间的意境美却抓住了人的心灵。掌握空间的性格特点和设计的主题思想，通过室内环境的一切条件，才能创造空间的气氛、情调、神韵、气势的意境美。

5.3　色彩性格的体现

在室内空间设计中，色彩是一个重要的因素，与室内的装饰材料、家具，陈设等一起成为设计不可分割的部分。"色彩环境与气氛"是探讨室内色彩搭配与人的生理、心理关系的问题，这是一个比较重要而且值得研究的课题。色彩是室内设计很重要且容易出效果的要素，也是便宜和方便施工的室内要素；威廉·荷加斯在《美的分析》一书中把空间理解为："最好的色彩美有赖于多样性、正确且巧妙的统一。"

在创意设计中，色彩的情感在室内设计中最具表现力，在平常多观察就会领略到色彩的各种特性。在设计的前期策划与创意的过程中，首先要有一个整体的色彩计划，根据室内空间形态的规模、大小、环境和个人爱好来确定空间色调，可以将每个空间都设计成统一色调，也可各有不同，这与设计师的爱好、个性和空间的用途密不可分。也可从色彩的明度、色相、纯度等方面入手，以及从物理、生理、心理、地域、文化等方面来提出设计的构思创意。

5.3.1　空间色彩的视觉

暖色调使人感觉较轻，有向前或上浮的错觉；冷色调则会使人产生收缩感，具有后退或疏远的感觉。利用这些错觉可以调节室内空间感。例如，室内空间过高时，顶棚可以采用略重的下沉色彩，地面采用较重的下沉色，并且无论顶棚或地面都须用单纯色。室内空间装饰色彩一般为上轻下重、上明下暗、上浅下深、上冷下暖，可称之为晨空色或鱼肚色。

调节活动情绪，见图5-35。

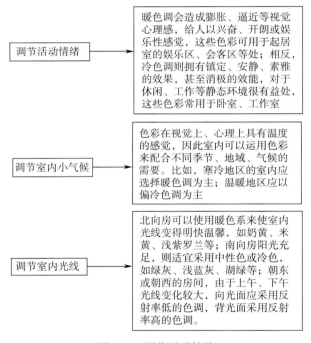

| 调节活动情绪 | → | 暖色调会造成膨胀、逼近等视觉心理感，给人以兴奋、开朗或娱乐性感觉，这些色彩可用于起居室的娱乐区、会客区等处；相反，冷色调则拥有镇定、安静、素雅的效果，甚至消极的效能，对于休闲、工作等静态环境很有益处，这些色彩常用于卧室、工作室 |

| 调节室内小气候 | → | 色彩在视觉上、心理上具有温度的感觉，因此室内可以运用色彩来配合不同季节、地域、气候的需要。比如，寒冷地区的室内应选择暖色调为主；温暖地区应以偏冷色调为主 |

| 调节室内光线 | → | 北向房可以使用暖色系来使室内光线变得明快温馨，如奶黄、米黄、浅紫罗兰等；南向房阳光充足，则适宜采用中性色或冷色，如绿灰、浅蓝灰、湖绿等；朝东或朝西的房间，由于上午、下午光线变化较大，向光面应采用反射率低的色调，背光面采用反射率高的色调。 |

图5-35　调节活动情绪

5.3.2　色彩的心理和生理效应

空间色彩的心理效应主要表现为两方面：一是观赏性；二是情感性。给人以美感称之为观赏性；能影响人的情绪，引发联想，具有象征的作用称之为情感性。空间色彩给人的联想是具体的或是抽象的，所谓抽象，指的是能够联想起某些事物的品格和属性。

如植物的主调是绿色，富有生机，它会使人联想到春天、生命、健康和永恒；灰色则可以给人贵气、宁静、智慧、平和的象征；白色能使人联想到洁净、纯真、简洁、平和；蓝色被看作代表理智的色彩，它象征清澈、明晰和合乎逻辑的态度，这与天空、大海的永恒性有关，也可以使人以清晰的头脑来思考；以黏土、沙滩、石头、木材等为基调的中性色，调子偏暖，用在建筑及环境设计中，常给人带来宁静、安乐、祥和的意象。完美的色彩搭配并不是一种约定俗成，我们通过观察、分析自然中的色彩，可以体会更多色彩表现的可能性。

空间色彩的心理也体现在色彩的温度感，色彩的温度感也与色彩的纯度有关，在暖色中纯度越高越温暖，在冷色中，纯度越高越凉爽。温度感与色彩的明度也有关，明度越高则越温暖，而明度越低则反之。另外，色彩冷暖色调的不同，也给人们带来不同的距离感。暖色使人感到亲切、帖近；冷色则使人感到遥远、冷静。其次序为：红、黄、紫、绿、青，基于这个原理，在狭小的室内空间中，不宜采用纯度很高的暖色。

除了心理感受之外，空间色彩还会引起人的生理变化，也就是由颜色的刺激而引起视觉变化的适应性问题。色适应的原理远用到室内灯光色彩中，要以消除视觉干扰和减少视觉疲劳为主要目的，使视觉感官从中得到平衡和休息。正确地运用色彩将有益于身心健康。例如：客厅是会客和家人用餐场所，灯光用色不宜艳丽花哨，以免刺激神经，引起烦乱急躁的情绪；多彩的灯光可用于适当点缀，丰富心情。

5.3.3 空间的色彩创意

1. 与自然和谐的色彩层次

建筑空间与自然相互贯通并具有色彩的层次性，由自然光线而产生的阴影就是自然的色彩层次，见图5-36。这极大地丰富了我们的色彩环境。现代主义建筑设计大师勒·柯布西耶设计的朗香教堂，正是充分利用了自然光，使教堂内获得变幻莫测的采光效果。保护生态环境，强调人与自然的和谐与共生，已是现代意识对环境色彩的要求。理想的室内空间应充分利用太阳光作为能源，尽可能采用自然光和良好的通风环境，尽量采用天然的建筑材料，在和谐的色彩中，创造有益健康的室内生活环境，并呼吸到更多的大自然气息。

2. 重复与呼应的色彩节奏

重复与呼应是体现色彩创意的重点。如果处理得好，它能使人的视觉获取联系与运动的感觉。当将色彩进行有节奏的排列与布置时，同样能产生色彩的韵律感。这种色彩的节奏可以安排在大面积的空间之中，从而在视觉上产生相应的色彩节奏。

3. 个性化的色彩特色

空间的色彩，无论空间或时间方面都要与人的生活轨迹融为一体。室内色彩的创意目的是使人感到它的存在，因此，色彩的使用应尊重使用者的性格与爱好，选择一种色调是营造个性化色彩氛围的关键。见图5-37。

4. 与室内其他关系的协调

室内空间的色彩构成是一个多空间、多物体的变化组合，受其使用功能的支配。室内空间中，诸因素之间的谐调关系犹如弹钢琴的十指运用，使室内空间的色彩既有对比变化，又有调和统一。形成一个有机的色彩空间。色彩是大自然的杰作，不同的色彩对人的身心有不同的影响。关键是对于各种色彩特性的充分认识以及对其积极意义的探索。如色彩与空间的关系、与材质的关系、与图案家具的关系、与灯光的关系、与环境的关系等，见图5-38，图5-39。创造出美的室内环境和一个有特点、有朝气、有时代感的室内空间环境至关重要。

5. 流行色的影响

室内设计是现代科技与艺术的综合体现，并极富时代特色。室内空间色彩的创意与应用不可避免地受到流行色的影响，尤其是在商业、娱乐、休闲场所的室内色彩设计，由于更新周期快，且有与时俱进的特点，更应讲究流行色的使用。需要充分发挥想象，不断实践，不断调整色彩选择，才能真正体会色彩创意的独特魅力。见图5-40~图5-44。

图5-36　由自然光线与投影产生的色彩　　　图5-37　个性化色彩的艺术氛围

图5-38　色彩与灯光的关系、与环境的关系（一）

图5-39　色彩与灯光的关系、与环境的关系（二）

图5-40　色彩创意的独特魅力（一）

图5-41　色彩创意的独特魅力（二）

图5-42　流行色与空间创意想象（一）　　　　　图5-43　流行色与空间创意想象（二）

图5-44　色彩与
空间气氛

5.4　灯光意境的营造

　　室内灯光设计已成为一种时尚艺术，它是创造视觉艺术氛围的添加剂，给人身心以无比的震撼和享受。我们可以从渲染空间色彩心情、营造空间光影情趣、丰富空间区域层次三方面来论述室内设计中，室内空间的灯与光的魅力。见图5-45~图5-49。英国化学家戴维使人类进入了用电照明的时代，爱迪生又将灯光带入了家庭，灯与光已成为影响人们生活行为的重要因素，空间环境的质量直接影响着人们的生活质量。

图5-45　室内灯光的时尚艺术

图5-46　渲染空间色彩心情

随着经济的发展，居住条件的改善，人们对空间的物质功能和精神功能有了更多层面的追求，灯与光的设计已成为室内设计的重要组成部分。更多的人希望通过灯与光的设计来渲染空间色彩心情，营造空间光影情趣，丰富空间区域层次。可以说，灯光是居室内最具魅力的调情师。安藤忠雄把光与空间解释为："建筑实际上就是向空间导入光线的工作，所以如何用光在一开始就是一个重要的课题。当人们进入某一空间时，如对面有光线照来，这时候心境是最为放松的，因此我在进行设计的脑海中会一直考虑光线和空间容量的因素，从设计思路来说——它们与以往的思路都是一致的。"

图5-47　空间光影丰富空间情趣

图5-48　室内灯光的艺术效果

图5-49　灯与光的魅力

5.4.1　光的艺术魅力

光照的作用对人的视觉功能的发挥极为重要，因为没有光就没有明暗和色彩感觉。光照不仅是形状、空间、色彩等视觉物体的生理需求，而且是美化环境必不可缺少的物质条件。贝聿铭对光线理解为"让光线来做设计"。可以说，光照能够构成空间，又可以改变空间；既能美化空间，又能破坏空间。不同的光不仅照亮了各种空间，而且能营造不同的空间意境情调和气氛。同样的空间，如果采用不同的照明方式，不同的位置、角度方向，不同的灯具造型，不同的光照强度和色彩，可以获得多种多样的视觉空间效应。由此可见，光照的魅力可谓变幻莫测。

同时，光与影的结合，两者是从不分开的，只是光在明处，影在暗处而已。其概念设计可从光影的造型、色彩、空间等方面来提出设计的构思创意。如颇负盛名的日本建筑师安藤忠雄，一直用现代主义的国际式语汇来表达特定的民族感受、美学意识和文化背景，在空间环境中光影的利用达到很高的境地。

5.4.2　灯光照明设计的特性

1. 功能性

灯光照明设计必须符合功能的要求，根据不同的空间、环境、场所选择不同的照明方式，并保证恰当的照度和亮度。例如，会议厅的灯光照明设计应采用垂直式照明，要求亮度分布均匀，避免出现眩光；商店的橱窗和商品陈列，为了吸引顾客，一般采用强光重点照射以强调商品的形象，其亮度比一般照明要高出3~5倍，为了强化商品的立体感、质感和广告效应，常使用方向性强的照明灯具和利用色光来提高商品的艺术感染力。在空间灯光照明设计时，还应把握空间的主题，明确创作的意图和形态的特征，理解形体块面之间的主次关系，才能准确地用灯光来塑造空间的体量感。

2. 美观性

灯光照明是装饰美化环境和创造艺术气氛的重要手段也是体现空间形体块面之间的关系和层次变化、渲染环境气氛的方法；光对空间形体块面的层次和块面轮廓的弱化或强调以及色彩的变化表现非常重要，它使人的视觉在对室内的设计创意具有了跳跃性。在现代建筑空间，包括影剧建筑、商业建筑和娱乐性建筑的环境设计中，灯光照明更成为整体的一部分。通过灯光的明暗、隐现、抑扬、强弱等有节奏的控制，发挥灯光的光辉和色彩的作用，在设计手法上，可采用透射、反射、折射等多种手段，创造温馨柔和、宁静幽雅、怡情浪漫、光辉灿烂、富丽堂皇、欢乐喜庆、节奏明快、神秘莫测、扑朔迷离等艺术情调气氛。

3. 经济性

灯光照明设计要讲求科学合理。灯光照明设计是为了满足人们视觉生理和审美心理的需要，使室内空间最大限度地体现实用价值和欣赏价值，并达到使用功能和审美功能的统一。华而不实的灯饰非但不能锦上添花，反而画蛇添足，同时造成电力消耗、能源浪费和经济损失，甚至还会造成光环境污染而有损身体健康；灯光照明的亮度标准，由于用途和分辨的清晰度要求不同，选用的标准也各不相同。

4. 健康、安全

人们已经意识到健康的灯光设计对生活的影响，室内设计照明已由过去仅注重单光源过渡到多光源的效果。多光源照顾到每一个使用者和每一种生活情境对灯光的需求，光源提供环境照明使室内都有均匀的照度，灯光可以让人感知到室内各区域空间的界线，运用不同的灯光照度和灯光色彩可以对不同的功能空间进行划分。同时灯光还可以强调空间之间的主次关系，通过照度的强弱和色温的变化，以及局部的重点照明，让空间的界定更加清晰，空间的层次感更加丰富。灯光照明设计要求绝对安全可靠，由于照明来自电源，必须采取严格的防触电、防短路等安全措施，以避免意外事故的发生。

5.5　陈设与氛围的营造

5.5.1　室内陈设的定义

室内陈设是指对室内空间中的各种物品的陈列与摆设。陈设是室内设计的升华与延续，侧重于对空间环境中装饰物的搭配设计，画饰、灯具、摆设、床上用品、窗帘、地毯、植物等，都是其中的一部分。好的空间环境配饰会给生硬的空间以生动的活力。当下，室内空间饰品与装修的搭配越来越被人重视见图5-50~图5-55。

图5-50　空间环境配饰的生动活力　　　　　图5-51　空间环境的艺术魅力

图5-52　商业空间环境的软装饰　　　　　图5-53　商业空间环境的陈设（一）

图5-54　商业空间环境的陈设（二）　　　　图5-55　商业空间环境的陈设（三）

5.5.2 配饰设计的分类（表5-2）

表5-2　配饰设计的分类

分类	内　　容				
纤维艺术	软雕塑设计	软壁挂设计	壁毯	吊毯	地毯
玻璃艺术	光雕艺术设计	玻璃壁饰设计			
漆艺设计	漆器设计	漆艺壁饰设计			
陶瓷艺术	瓷器设计	陶瓷壁饰设计			
金属工艺加工	装饰雕塑设计	金属壁饰设计			

5.5.3 室内陈设的作用

室内陈设以表达一定的创意思想和文化内涵为着眼点，并起着其他物质功能无法替代的作用，它对室内空间形象的塑造、气氛的表达、环境的渲染起着锦上添花、画龙点睛的作用，是整体室内空间必不可少的内容，因而陈设品的展示，必须和室内其他物件相互协调、配合，不能孤立存在。见图5-56~图5-58。

图5-56　空间的陈设品的展示（一）

图5-57　空间的陈设品的展示（二）

图5-58　陈设品的摆设营造艺术氛围

室内陈设具有以下特点：

1. 创造环境气氛

气氛美学即内部空间环境给人的总体印象。如欢快热烈的喜庆气氛，亲切随和的轻松气氛，深沉凝重的庄严气氛，高雅清新的文化艺术气氛等。而意境则是内部环境所要集中体现的某种思想和主题。与气氛相比较，意境不仅被人感受，还能引人联想给人启迪，是一种精神世界的享受。见图5-59，图5-60。

图5-59　高雅清新的文化气氛（一）

图5-60　高雅清新的文化气氛（二）

2. 二次空间的营造

由墙面、地面、顶面围合的空间称之为一次空间，由于它们的特性，一般情况下很难改变其形状，而利用室内陈设物分隔空间就是首选的好办法。我们把这种在一次空间划分出的可变空间称之为二次空间。在室内设计中利用家具、地毯、绿植、水体等陈设创造出的二次空间不仅使空间的使用功能更趋合理、更能为人所用，还能使室内空间更富层次感。例如我们在设计大空间办公室时，不仅要从实际情况出发，合理安排座位，还要合理分隔组织空间，从而达到不同的用途。

3. 强化室内设计风格

陈设艺术的历史是人类文化发展的缩影。室内空间有不同的风格：如古典风格、现代风格、中国传统风格、乡村风格、朴素大方的风格、豪华富丽的风格。陈设品本身的造型、色彩、图案、质感均具有一定的风格特征，所以，它对室内环境的风格会进一步加强。古典风格通常装潢华丽、浓墨重彩、家具样式复杂、材质高档做工精美。适合的陈设品可以起到柔化空间，调节环境色彩的作用。

5.5.4　室内陈设的布置原则

（1）陈设品的选择与布置要与整体环境协调一致。选择陈设品要从设计主题、创意思想、区域环境、地域文化、材质对比、色彩搭配、空间造型等多方面考虑，与室内空间的形式和家具的样式相统一，为营造室内主题氛围而服务。

（2）陈设品的摆设位置、方向、高低、比例、大小要与室内空间尺度及家具尺度形成良好的比例关系。它可以起到空间设计创意的点睛作用，也可起到陪衬的作用，主次得当，丰富室内空间的层次感。在陈列摆放的过程中要注意，在诸多陈设品中分出主要陈设及次要陈设，使其与其他构成室内环境的因素在空间中形成视觉中心，而其他陈设品处于辅助地位，这样不易造成杂乱无章的空间效果，加强空间的层次感，最终达到视觉上的秩序美感。

（3）陈设品选择与布置不仅能体现一个人的职业特征、性格爱好及修养、品味，还是人们表现自我的手段之一。例如东南亚设计元素，运用藤料壁纸通过藤制纹路里慢慢流淌出的浪漫情怀定会触动你的多情。不惜在墙面、地面铺上红色、藕紫色、墨绿色等华彩的基调，类似黑胡桃木的藤制家具是最好的选择。布艺搭配方面，深沉的格调能冲淡基调的张力，让艳丽的布艺和墙地面共舞，成就最典型的东南亚风情。那株泰国兰叶子、粉色的睡莲在青色的石缸中摇摆。在精美的可容纳少量水的托盘（置于桌上），青泰丝的流光溢彩、细腻柔滑、不着痕迹的贵族气息及在室内随意放置后的点缀作用是成就艺术氛围最不可缺少的道具。例如像珠片、贝壳等手工添加的装饰物、芭蕉叶烛台、金竹小吉祥鸟是最佳选择。体现设计应该是地域性、时尚性，艺术性、科学性与生活的整体性结合。设计家具的陈设布置，应先考虑空间内的活动区和放置家具的地方陈设合理与否，如商务、会议的场合，摆设应显得庄重、严肃、稳定而肃穆，适合于隆重否则会给人拥挤杂乱之感。休闲、度假的场合，显得活泼、自由、流动而活跃。

第 6 章

过程与表达

6.1 方案演变

从设计师初步的设计思路，到方案表达、想象、意象的加工。在这个过程中，设计师的创意思维与设计意识是片断性的。设计的孵化过程，也是概念的演变阶段。这一阶段的思维是高度谨慎和个性化的，有时模糊迷离，有时又思如潮涌，这就需要马上利用手绘这种有效、快速、方便的记录手法来记录灵感。这一过程，既是一种最快速、最直接、最简单的反映方式，又是一种动态的、有思维的、有生命的设计语言。设计灵感从感知、表象到意象的各种感觉，挪移、转化、渗透、互通审美体验的心理过程，它是不同感觉的相通与挪借，是社会生活实践经验积累的结果。在设计创意孵化的这一阶段，还要提出一个合理的初步设计概念，也就是艺术的表现方向。

设计转化过程，是一种理念分析与探讨。是将设计效果在实践中的每个步骤、细节都刻画出来，并且在图纸阶段就能严格把控将来的设计作品，尽可能地减少施工过程中所产生的纰漏及错误，做到高效可靠，提升效率及品质的目的，最后得到完美的设计作品。设计师所作每一个设计项目都要有新的创意过程，都要解决新的方案问题，而这些新的方案都来自某种观念元素的演化或修正，或来自创意素材的收集和大量的工作总结，或来自设计师对特性的理解。纯熟运用这些基本元素，才能让新的设计概念行之有效。无论多大胆的创新，都建立在许多的可靠节点上，而正是这些可靠经验的积累才能让设计作品经得住时间的考验，甚至超越潮流的限制。

6.1.1 概念转化为图像语言

概念的基本功能是传达意义，是人类思维长期抽象化的结果，是思维巨大成就的标志。"语言是人类最重要的交流工具，与思维有着密切的联系，语言以传达意义为基本目的，视觉形式则以自身的空间和物质形态来传达设计理念，并成为传承历史和文明的物质载体。

在创作实践中，设计师、造型艺术师们常常使用"建筑语言""造型语言"等，指的就是形式语言与其对象物之间存在的某种对应关系，而这种关系使得形式语言成了对话与交流的信息工具。正因为有了这样的工具，才使得建筑设计、室内设计的创作不仅只是为人们提供生活空间和物质实体，也凝结了人们的意志和情感，通过视觉符号被人感知，再通过形式语言相互融合，最终形成新的创作实体。

1. 概念的形成

在概念形成阶段，我们将文字信息转化为图像语言。图形传递信息的速度要比语言文字来得快，运用图形语言可以提高工作效率；另外，图形语言的训练还能够提高设计师形象思维的能力。发现"有价值"的问题本身，有时候比"解决问题"来得更重要。这要求设计师具备创造性思维能力及敏锐的洞察力。见图6-1~图6-6。

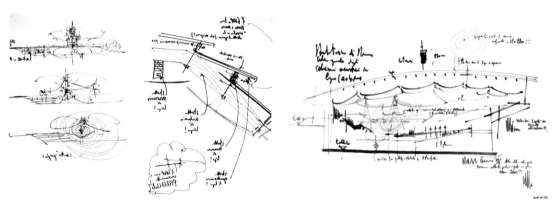

图6-1　信息的转化　　　　　　　　　图6-2　文字信息转化为图像语言

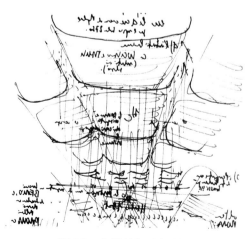

图6-3　方案的初步概况

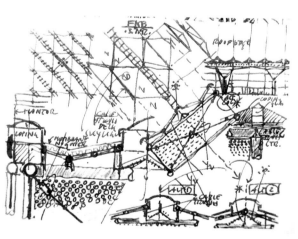

图6-4　发现"有价值"的问题

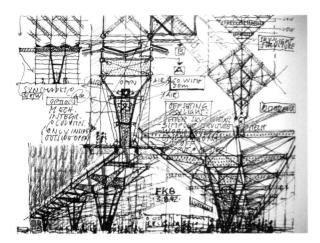

图6-5　有价值的方案　　　　　　　　　　图6-6　解决问题的环节

2. 方案的孵化

　　面对一个设计项目，设计师要有与众不同的"思路"与"想法"，将"构思"演变为一个引人入胜的"构想方案"，一件室内设计作品方得以完成。如果用动物来形象地比喻艺术门类，那室内设计属于水里的"鱼"类，产"卵"很多，能存活下来的却只有少数。首先，不是所有的"卵"都能孵化出小鱼来，就像不是所有的"想法"都能够变为设计方案一样；其次，那些幸运地能被孵化出的小鱼要长大也不是一件容易的事，设计师的作品有可能永远被停留在图纸上。

　　方案的孵化阶段，图像语言指可视化图形，即二维图形（平、立、剖面图、节点样图等）和三维图形（透视图、外观效果图、轴侧图等）。选择思维过程体现于多元图形的对比优选。对比优选的思维过程是建立在综合多元的思维渠道以及图形分析的思维方式之上。众多的信息必须经过层层过滤，才能把"卵"都孵化出来。见图6-7~图6-9。

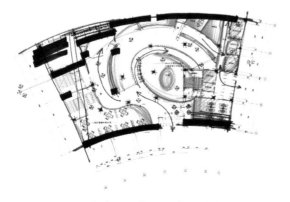

图6-7　方案的孵化的二维图形（一）　　　　图6-8　方案的孵化的二维图形（二）

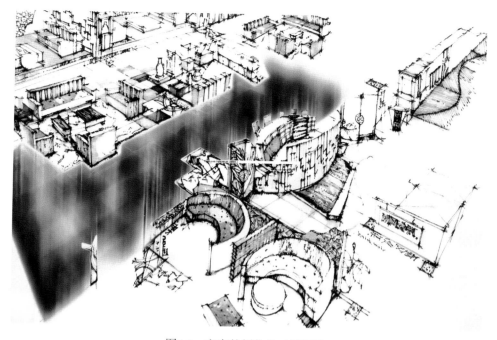

图6-9　方案的孵化的三维图形

3. 方案的协调性

　　设计所面临的难题是如何在施工尚未开展的情况下，用自己的设计作品打动业主以使作品得以实施。对于设计方案来说，这关乎到生死存亡，室内设计思维的表达对于设计师而言，其重要性是不言而喻的。设计思维需要用一定的方式表达出来，室内设计的过程也是"设计思维"不断地被设计师"表达"出来的过程。

　　室内设计的过程也是一个极为复杂的系统工程，需要诸多方面的沟通和协调：

　　1）与业主的相互协调关系。

　　2）与各技术工种之间的相互协调关系。

　　3）与施工单位各工种之间相互协调关系。

　　在实际设计过程中，这些问题往往相互交叉、重叠，呈现出一种无序的纷乱状态。当我们面对一个设计项目时，面对复杂的诸多问题，如何去全面地综合各方面因素，在整个设计过程中如何较为科学地思考与表达自己的构想，就显得尤为重要。设计师的设计过程由以下两种工作状态组成：一种是外部工作状态，（如现场调研，查阅资料，研讨方案，勾画草图等）；另一种是内部的工作状态（思维的过程）。"内部的工作状态"是思考的过程，"外部工作状态"是为思考提供素材及对思考成果的表达。见图6-10，图6-11。

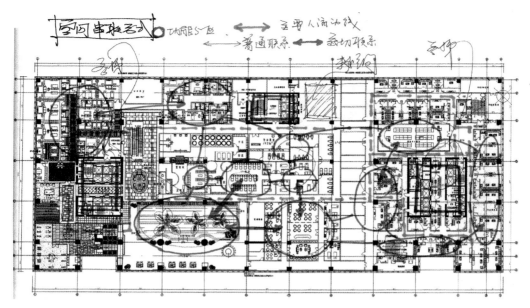

图6-10　空间串联方式表达

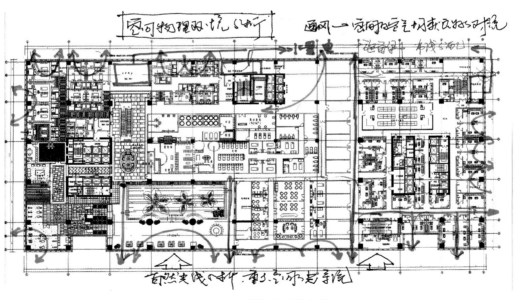

图6-11　空间物理环境分析

4. 方案的先导作用

　　设计方案可以是超前意识的体现，在熟悉市场运作规律和潮流趋势变化的同时，对未来几年甚至是更长时间内可能出现的消费群体的使用信息做出相应的预测，得出未来设计的发展方向，通过设计向人们展示一种新的生活态度，引导消费，使设计对市场产生导向作用。从物质技术的角度来看，有的设计虽然在理论上行得通，由于现有技术的影响，还不能付诸于实践，停留在图纸阶段，但是当相应的技术得以实现，其价值就会显现出来。20世纪初意大利未来主义运动的建筑师安东·桑蒂里亚认为："新的形式必须与旧的形式有本质的区别，新的功能造就新的形式，新的形式代表新的生活方式"。未来的建筑应该是工业化面貌的居住和工作中心，未来设计的预想图，充满了高科技的工业细节特征，虽然大多数设计仍停留在图纸阶段，但其大胆的设想为之后的现代建筑找到了发展方向和理论依据。当然，功能空间的设计立足于现有技术的开发同样重要，毕竟设计是时代文化的侧影，代表了某一时间段的人们所特有的情感倾向和时尚诉求。一方面是理想的元素，另一方面是现有技术的结果，双方互为补充，共同构成概念设计的主要内容。

6.1.2　方案视觉语言的形成

在方案成型阶段，设计师需要将前期找到解决"问题"的"思路与想法"转化为"视觉形式语言"，设计师对项目的整体认识也应由感性阶段向理性的纵深阶段发展。一方面，设计思维的内容在从整体到局部一个层面接

着一个层面逐步地被表现出来；另一方面，随着"认识"的提高，设计师会重新审视自己的"设计思路"，并且对先前的"设计构想"做出必要的补充与调整。见图6-12，图6-13。

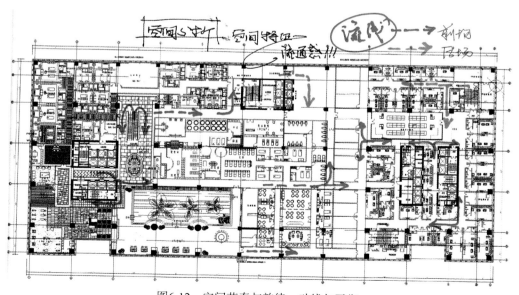

图6-12　空间节奏与韵律、动线与平衡

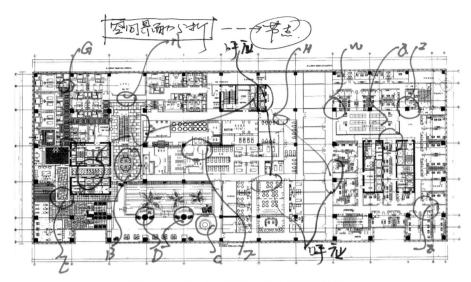

图6-13　虚与实、局部与整体的界面关系

不同设计语言的表达方式，在于体验空间的相互关系。只有观察、研究、通过视角对空间层次进行移动，才能更直观地看到空间与人之间的互动关系，才能更清晰地认识到设计语言与人心灵的交流。见图6-14~图6-18。

图6-14　空间理性与感性的结合

自始至终，设计师都在协调着多种因素的关系，为取得最终的成功或平衡点而努力，"协调"的方式有很多种，有"对比""均衡""取舍"等，由设计师的悟性而定，并无定法。"协调"不单是一种理论，更是解决实际问题最常用的设计语言与方法。解决实际问题的方法与抓住人生机会的方法一样，必须在机会出现前就做好充分准备，才能抓住稍纵即逝的时机。

图6-15　空间的层次、进深的体验

图6-16　可渗透性性空间

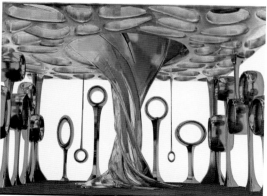

图6-17 对空间形式的感受之（一）　　　　　图6-18 对空间形式的感受之（二）

6.2 表达的形式

1. 文字表达

设计师须写出设计说明及文字注解。

2. 渲染图表达

形式不限，表达有其多样性。目前较为流行CG渲染图表达。

3. 平、立、剖等技术性图纸的表达

通过平面图、立面图、剖面图及轴侧图等技术性图纸的表达，使人们对设计有了全面的认识与了解。平、立、剖面图是对设计方案片断的分解，这样会很方便地运用标注尺寸、制定比例等对设计方案进行"描述"，有很强的实用性。

4. 模型表达

模型表达以其较为精确的完整性、真实性与直观性而在本阶段被设计师加以利用。模型的直观效果是远非可视化图形表达所能够达到的。对于非专业人士来说，模型是对设计进行评价与决策的最佳途径。模型还具有很强的展示性及广告宣传效果，在工程项目的推广上发挥着积极作用。

5. 计算机辅助设计

计算机三维动画的表达随着计算机相关软件的技术进步与计算机的日益普及，已经成为设计成型阶段的主流表达方式。计算机表达一定程度上已经代替了手工绘制的平、立、剖面图。此外，计算机的三维动画漫游模拟技术，还能够精确地虚拟设计方案落成后的实际空间效果。

6.2.1　手绘最直接的表达

徒手"草图"的表达方式是缩小"设计思维"与"设计表达"两者距离的最佳方式。草图与思维几乎是同步的，同时还能够"引导"思维。草图能够记录下设计师脑海中转瞬即逝的"灵感"火花；构思阶段，对于设计师而言没有比"草图"更好的表达形式了。

徒手草图不仅仅具有丰富的"表达"功能，同时它还是推敲与研究设计方案重要的辅助工具。

在设计过程中，从踏勘工地现场、分析环境、收集资料开始，形式各异的设计草图便随之出现。这时草图有纪录性的、分析性的，也有对随之而来的各种感受、联想的勾画。草图可以最大限度地快速捕捉设计灵感，表达各种构思创意，是室内设计中反映思维冲动、赋予设计对象以外观和形式的重要表现手段。而且，设计构思草图还成为创意思维设计中创造性主题表达的真实记录过程，体现了设计灵感和创意的发生和发展过程，同时，还与各类环境艺术设计图纸一起，构成了全面表达设计思维活动形成和完善的系列"语言"。

对设计师而言，设计是在草图中走出来的现实境界。美国设计师 R.富兰克林曾这样描述草图的作用："一面反复绘画草图，同时用一种几乎像佛教禅宗的方式用直觉去领悟用手刚刚画出来的草图中的现实境界。对于我来说，这就是在设计。" 总之，草图表达在空间创意设计中起着核心作用，它运用图解的方法进行的设计思维表达。主要包括概念设计草图与设计正图两类，同时辅以相关的文字说明或其他附件等。见图6-19~图6-35。

这种表达设计成果（阶段性或最终性）的室内施工设计图纸，作为设计思维活动在某一阶段的静态成果，以其准确性、真实性和完整性体现了设计图解的准确性，其重要性如同设计说明一样的对话，可以作为交流、审查、决策、施工等下一阶段工作的依据，体现了设计师的工作进展、室内设计实施过程及各种创意与决策。

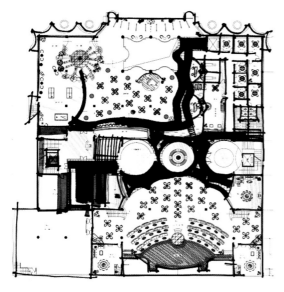

图6-19　方案的孵化的二维图形（一）

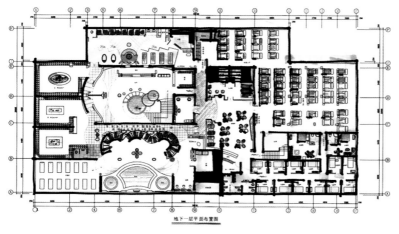

图6-20　方案的孵化的二维
图形（二）

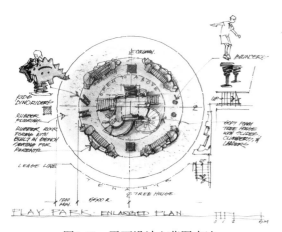

图6-21　平面设计上草图表达

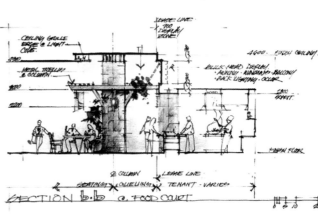

图6-22　立面设计上草图表达

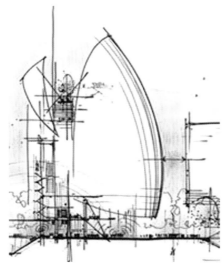

图6-23　空间形态的设计构思草图　　　图6-24　公共空间形态草图方案

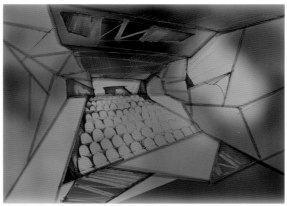

图6-25　局部空间形态草图方案（一）　　　图6-26　局部空间形态草图方案（二）

图6-27　局部空间形态草图方案（三）　　　图6-28　局部空间形态草图方案（四）

图6-29　局部空间形态草图
　　　　方案（五）

图6-30　局部空间形态草图
　　　　方案（六）

图6-31　公共空间形态设计
　　　　草图方案

图6-32　局部空间形态设计方案（一）

图6-33　局部空间形态设计方案（二）

图6-34　局部空间形态设计方案（三）

图6-35　局部空间形态设计方案（四）

6.2.2　模型最真实的表达

在设计思维创意过程中，将设计成果制成实体模型的表达方法，一则可以促进设计创意进程的研讨，使模型成为设计过程中不可缺少的设计思维表达方式。并能成为表达设计思维、推敲设计方案、丰富环境艺术设计的有效手段。二则将三维空间用实体模型完整地表现出来，可供向业主和甲方展示未来建成后的形象，并能用于与非专业人士进行交流，帮助设计者深入推敲复杂的视觉造型关系，激发自身的创造力，使许多抽象的、难以想象的问题在发展中得到了较好的解答，从而具有双重功效。见图6-36~图6-42。

概念模型表达以其较为精确的完整性、真实性与直观性而在本阶段被设计师加以利用。模型的直观效果是远非可视化图形表达所能够达到的。对于非专业人士来说，模型是对设计进行评价与决策的最佳途径。模型还具有很强的展示性及广告宣传效果，在工程项目的推广上发挥着积极作用。推敲模型也是设计师在构思阶段常用的辅助手段。与草图表达相比，概念模型以其直观性、真实性、较强的可体验性在构思阶段中发挥着重要作用，它的三维空间表达更接近于环境艺术设计的空间特征。见图6-43~图6-47。

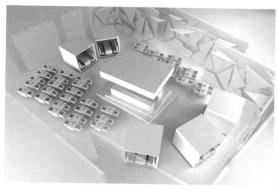

图6-36　环境空间造型概念模型

图6-37　家具概念模型设计

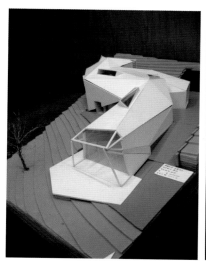
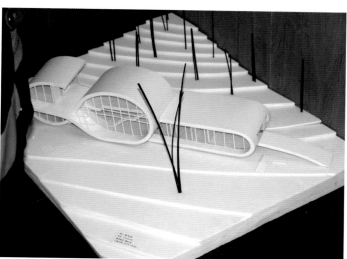

图6-38　空间造型概念模型　　　　　图6-39　空间形式概念模型

图6-40　组合空间概念模型

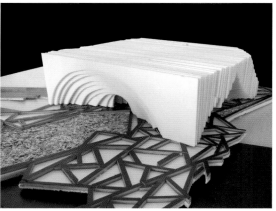

图6-41　异性空间部分概念模型

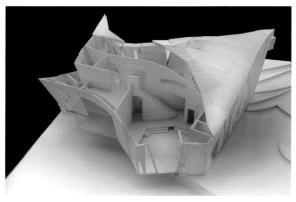

图6-42　空间分割造型概念模型

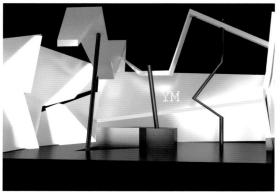

图6-43　直观、真实的空间模型（一）

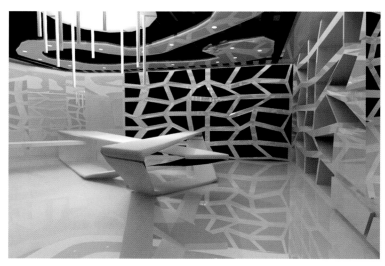

图6-44　直观、真实的空间模型（二）

图6-45　直观、真实的空间模型（三）

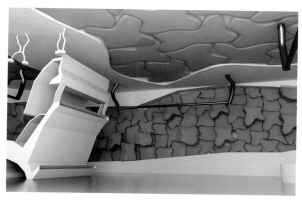

图6-46　直观、真实的空间概念模型（一）　　　　图6-47　直观、真实的空间概念模型（二）

6.2.3　计算机辅助设计

在室内设计创意过程中，计算机辅助技术已经给室内设计表达带来巨大的变革，并在设计思维的表达中发挥着日益重要的作用，设计师运用相关的技术软件模拟设计方案的真实效果，为设计师完善其设计构思提供有力的依据。计算机辅助设计的最大优点是：虚拟效果的"写实性与客观性"；计算机的弱点也很明显：亦即"设计思维"与"表达设计"，两者之间的距离显得"大"了些。这种"思维"与"表达"之间的互不同步，大大地限制了计算机在设计构思阶段的应用。计算机拥有巨大的信息存储和检索功能，可以通过互联网给设计师带来的巨大信息来源，使设计师可以在信息数据库中快速地查询有效信息，获取全面而有价值的信息资料来促进思考。计算机在分析设计条件、通过建模模拟环境等方面也为设计思考提供了便利。在创造性的构思阶段，计算机可以将设计构想概念化、形象化，并通过三维概念模型来研究设计要素，通过模型生成可多视觉评判的图形及各类复杂空间的投影图、剖视图等。

此外计算机三维模型和渲染以及数码技术巨大的表现力，还可从不同角度全面地反映其环境艺术设计创意及概念设计成果。随着计算机相关软件的技术进步与计算机的日益普及，计算机表达已经成为设计成型阶段的主流表达方式。计算机表达一定程度上已经替代了手工绘制的平、立、剖面图。此外，计算机的三维动画模拟技术，还能够精确地虚拟设计方案落成后的实际空间效果。见图6-48~图6-52。

图6-48　泰式洗浴东南亚风格大堂效果图

图6-49　泰式洗浴男浴区效果图

图6-50　泰式洗浴
女浴区效果图

图6-51　泰式洗浴
男更衣室效果图

图6-52　泰式洗浴
房效果图

6.2.4 设计数据化的实施

除了与委托方沟通关于造价的问题外，应一并提交估计的设计工作量及相应的进度计划列表、服务项目细则。设计图纸的深度及工作计划直接影响工程的进度，也影响最终的成本造价。设计师应充分估算设计工作计划所需时间和深度，提出完成时间与周期，尽早与委托方沟通，争取在计划内准时完成，并提交相应的设计方案，这对双方来说都是保证质量的最佳方法，更是建立相互信任的基础。

1. 整体到局部的确切尺寸，见表6-1

表6-1　整体到局部的确切尺寸

步　骤	内　容						
完善空间结构体系	与结构工程师深入沟通，完善结构体系	确定结构形式	结构材料的选定				
表面机理设计	地面铺装设计	墙面饰材设计					
量化空间尺度	落实各局部空间的具体尺寸	确定各功能空间所需的实际面积	确定各部位交通动线的尺度	确定各功能空间之高度			
完成与使用功能相关的配套设施设计	家具布局设计	确定使用家具的尺度	服务设施	绿化设计	配套织物设计	灯具设计	指示牌设计
完成照明设计	光造型设计						
材料的使用	使用主材一览表						
完成配套设备设计	与水、暖、电、空调等设备工程师深入沟通完善设计						
技术细节的完善							

2. 室内设计的深化实施程序

这一程序是由以下几个步骤组成：设计任务书的制定、项目设计内容的社会调研、项目概念设计与专业协调、确定方案与施工图设计、材料选择与施工监理。其中项目概念设计确定方案与施工图设计与我们现行的设计教育结合紧密。

家具设计、装饰设计、灯具设计、门窗、墙面、顶棚连接，这些是发展阶段的完善，大部分的问题已经在发展阶段完成，这只是更加深入地与施工和预算的结合。

施工图是装修得以深化的依据，可以具体指导每个工种、工序的施工。设计师把结构要求、材料构成及施工的工艺技术等要求以图纸的形式交待给施工人员，以便准确、顺利地组织和完成工程。施工图包括立面图、剖面图和节点图等。

施工立面图是室内墙面与装饰物的正投影图，注明了室内的标高、吊顶的装修尺寸及梯次造型的相互关系尺寸，墙面装饰的式样及材料、位置尺寸，墙面与门、窗、隔断的高度尺寸，墙与顶、地的衔接方式等。

剖面图是将装饰面剖切，以表达结构构成的方式、材料的形式和主要支承构件的相互关系的图纸。剖面图标注有详细尺寸、工艺做法及施工要求。

节点图是两个以上装饰面的汇交点，按垂直或水平方向切开，以标明装饰面之间的对接方式和固定方法。节点图应详细表现出装饰面连接处的构造，注有详细的尺寸和收口、封边的施工方法等。

在设计实施阶段，整个设计方案将进一步向纵深层次发展，特别是在技术层面上，将得到进一步的深化与完善。如果设计师不对这些技术"细节"进行进一步的深化与完善，再好的"构想"也只能停留在"空想"阶段。成型阶段的表达是对阶段性思维成果的完整表达，设计师应充分考虑表达的完整性、严谨性与科学性。

6.3　设计实施

室内空间形态的设计必须依赖于实体的塑造，是空间形态构成要素之一，装饰材料以实体或实体表皮的形式出现，材料的质感、肌理、色彩经过不同手段的处理，在光影效果和结构方式的作用下呈现多种不同的性格和特征，赋予空间某种气质和品位。将设计的二维世界，改变为现实三维世界，让艺术更贴近于我们的生活。是通过不同的装饰材料传达出的不同的装饰效果。至此，材料的质感和肌理效果已经越来越受到人们的关注，如何使设计效果更有新意并达到设计师的追求目标，作为设计师，对材料的选择至关重要。

当代设计在材料的运用上更为宽泛和多元，并作为主要的媒介以表达空间的精神和意念。作为设计师要善于对材料表现力进行探索，善于利用普通的材料来创造不普通的建筑空间。在材料的运用上，设计大师的材料选择会给我们一些启发。美国加州酒厂的建筑是赫尔佐格和德穆隆（He rzog＆De Meu ron）使用石材的创造性经典之作，利用石头幕墙的间隙，将外部光线引入空间内部，使沉重的石头具备透明玻璃的灵性；弗兰克·盖里（Frank Gehry）设计的位于纽约苏荷区的三宅一生（Issey Miyake）时装店，其内部空间以独特的效果吸引人们的目光，将平面的不锈钢软化处理，通过光线雕刻出一个个新颖奇特、充满动感的形体，创造性的材料运用和异样的构造方法赋予了空间新的含义。

6.3.1　材质的组合

　　材料是室内设计表达的载体之一，是影响室内设计整体效果的关键因素。材料的肌理、色彩、质感对于室内空间气氛的营造和空间风格、功能、色彩的表达有着非常重要的作用。材料是设计创意中最为重要的因素，是设计师设计思想的表达元素之一。不同的材料可以用其不同的颜色、肌理、质感来营造不同的空间感觉。不同的材料也可以表达不同的空间风格、功能、情感等。材料是空间环境的物质承担者，材质的美，只有通过与空间环境的组合才能实现。另外缺少材质，造型则无法实现，更不会呈现整个空间环境的设计美感。

　　同时，在构成室内空间环境的众多因素中，各界面装饰材料的质感，对室内环境的变化起到了重要作用。质感包括形态、色彩、质地和肌理等几个方面。要形成个性化的现代室内空间环境，设计师不必刻意运用过多的技巧处理空间形态和细部造型，应主要依靠材质本身的元素来体现设计，重点在于材料肌理与质地的组合运用。营造具有特色的、艺术性强的、个性化的空间环境，需要若干种不同材料组合起来进行装饰，把材料本身具有的质地美和肌理美充分展现出来。新时代的设计在材料的运用上更为宽泛和多元，并作为主要的媒介以表达空间的精神和意念。优秀的设计师从未停止过对材料表现力的探索，善于利用普通的材料来创造不寻常的建筑空间。

　　在装饰材料质感的组合的实际运用中，表现为三种方式，见表6-2。

表6-2　装饰材料质感的组合

组合	方　式
同一材质感	如采用同一木材饰面板装饰墙面或家具,可以采用对缝、拼角、压线手法,通过肌理的横直纹理设置、纹理的走向、肌理的微差、凹凸变化来实现组合构成关系
相似质感材料	同属木质感的桃木、梨木、柏木,因生长的地域、年轮周期的不同,故而形成纹理也存在差异。这些相似肌理的材料组合,在环境效果中起到中介和过渡作用
对比质感	几种质感差异较大的材料组合,会得到不同的空间效果。例如将木材与自然材料组合,很容易达到协调,即使同一色调,也不显得单调。典型的例子如设计中以木材和乱石墙装饰墙面,会产生粗犷的自然效果;而将木材与人工材料组合应用,则会在强烈的对比中充满现代气息,如木地板与素混凝土墙面组合,或与金属、玻璃隔断组合就属此类。体现材料的材质美,除了材料对比组合手法来实现外,同时运用平面与立体、大与小、粗与细、横与直、藏与露等设计技巧,能产生相互烘托的作用。见图6-53,图6-54

图6-53　材料色彩与形式的联系　　　　　　图6-54　材料形式上的对比

6.3.2　视觉与触觉

1. 材质的两层含义

1）材指材料，质指质感。所谓质感通常指物体表面的感觉，是由特有的色彩、光泽、形态、纹理、冷暖、粗细、软性和透明度等多种因素形成的，属于视觉与触觉的范畴。

2）各种材料都通过质感来表达材料本身的特性，材质可分为纯粹自然的材质（如木材、竹材、岩石等）与人工材质（如PVC、玻璃、金属等）。见图6-55，图6-56。各种材质均具有不同的复杂属性，即使同类材质的性质也有差别。如一些现代建筑采用与周边环境相关的自然材料，象征了久违的田园生活和触觉品质。再如锯木时，应注意木纹的位置和方向，木纹纹理的改变会使造型出现截然不同的形象，有花纹的天然石材也是同样。

在室内设计中，设计师会运用不同的材料来营造不同的空间气氛：和谐或对比，温暖或冰冷，回归自然亦或高科技等。见图6-57，图6-58。这些不同的信息可以通过材料传达给我们，使设计师的抽象理念超越物质本身转化为一种具体可视的事实。室内设计正如工业产品的设计一样要想获得成功，必须有它与众不同的表现形式，而这种不同的形式都是以"材料"为载体通过设计来完成的。

图6-55　仿古砖

图6-56　艺术玻璃

图6-57　多斧石

图6-58　圆木

2. 材质的肌理

肌理是指材料本身的肌体形态和表面纹理，是质感的形式要素，反映材料表面的形态特征，使材料的质感体现更具体、形象。质地是质感的内容要素，是物面的理化类别特征。在细节上，包括结实或松软、细致或粗糙等。坚硬而表面光滑的材料如花岗石、大理石，可以表现出严肃、有力量、整洁之感。富有弹性而松软的材料如地毯及纺织品，则给人以柔顺、温暖、舒适之感。同种材料不同做法也可以取得不同的设计质感效果，如粗犷的集料外露混凝土和光面混凝土墙面呈现出迥然不同的质感。带有斧痕的假石富含有力、粗犷、豪放的感受；反射性较强的金属质地不仅坚硬牢固、张力强大、冷漠且美观新颖、高贵，具有强烈的时代感；纺织纤维品如毛麻、丝绒、锦缎与皮革质地给人以柔软、舒适、豪华典型之感；清水勾缝砖墙面使人产生浓浓的乡土情；大面积的灰砂粉刷墙面平易近人，整体感强；玻璃则使人产生一种洁净、明亮和通透之感。见图6-59~图6-62。设计可从材质表面的可视属性，即色彩、纹理、光滑度、透明度、反射率、折射率、发光度等以及物理、化学等方面来提出设计的构思创意；如由意大利建筑师皮亚诺和英国建筑师罗杰斯共同设计建造的法国蓬皮杜国家艺术中心，建筑师有意将结构和设备作为建筑物的装饰，其钢结构梁、柱、桁架、拉杆及管线全部暴露在外，建筑的材料和质感在空间中展露无疑，体现了高技派的创意概念。

图6-59　洞石的效果

图6-60　浪板的效果

图6-61　文化石墙面效果

图6-62　各种木制拼置效果

不同材料的材质决定了材料的独特性和相互间的差异性。在装饰材料的运用中，人们往往利用材质的独特性和差异性来创造富有个性的室内空间环境。见图6-63。

图6-63　墙面机理效果

6.3.3　材料样板配置

材料板的配置是根据项目不同性质来进行合理的配置。现今是多种技术并存的时代，高新技术与传统技术共存发展、融会贯通。现代材料配置需要技术精细且综合性强。见图6-64~图6-69。

图6-64　现代材料合理配置

图6-65　现代材料与装饰综合配置

图6-66　娱乐场所大堂材料综合配置

图6-67　酒吧材料综合配置

图6-68　酒店大堂材料综合配置

图6-69　休闲大厅材料综合配置

第 7 章

当代设计大师的创意思想

一个成功的设计师一般都具有超于常人的深入思考能力与习惯。在成功的背后，他们能够及时总结经验，积极思考未来，对每一项具体的设计案例都倾心深思，寻找所有的可能，求得最佳的创意。与此同时，不惜推翻与否定，以追求更加完美的设计解决方案。安滕忠雄曾经说过："在大量信息泛滥的现代社会，人们在无意识的过程中，'思考的自由'被剥夺掉了。"日本著名设计师深泽直人认为："为了制作出优秀的产品，设计者需要进一步去思考，判断是设计师的思考所在。对于一名设计师而言，学会思考、勤于思考、深入思考、凝聚闪光点是何等的重要。"

7.1　弗兰克·盖里（燃烧的天际线）

弗兰克·盖里（Frank Owen Gehry），当代著名的解构主义建筑师，纽约哥伦比亚大学中知名建筑教授。以设计雕塑般具有奇特不规则曲线造型外观的建筑而著称，曾经获得普利兹克建筑奖、Wolf建筑艺术奖、Arnold W.Brunner建筑纪念奖，Lillian Gish Award的终生贡献艺术奖项的第一位得主。他的设计风格源于晚期现代主义，设计范围相当广泛，包括购物中心、住宅、公园、博物馆、银行、饭店等。

弗兰克·盖里设计灵感来自艺术界的抽象片断和城市环境等方面的零星补充，作品独特并且个性鲜明，他的大部分作品中很少掺杂社会化和意识形态的东西。多采用多种物质材料、运用各种建筑形式，并将幽默、神秘以及梦想等融入建筑体系中。他曾说："我喜欢这种在建筑过程中看不见的美，而这种美又常常在技术制造过程中失落了"。他在早期的设计中就大胆运用开阔的空间、各种原材料以及不拘泥的形式来进行创作。他通常使用多角平面、倾斜的结构、倒转的形式以及多种物质形式并将视觉效应运用到图样中去，断裂意味着探索一种不明确的社会秩序。盖里的创意理念体现在许多实例当中，他强调形式脱离于功能，所建立的不是一种整体的建筑结构，而是一种成功的想法和抽象的城市构成。在许多方面，他把建筑工作当成雕刻一样对待。他设计的建筑通常是超现实的、抽象的，偶尔还会使人深感迷惑，因此它所传递的信息常常使人产生误解。虽然如此，盖里设计的建筑还是呈现出其独特、高贵和神秘的气息，在他的作品中体现出当代艺术的一种冲突、无序、残缺和形态上的非逻辑、非理性的艺术特点。见图7-1。

图7-1 空间中融入构成艺术

1. 精英文化理念的汲取

盖里作为一名当代艺术的爱好者与鉴赏者，因为同艺术家们的密切往来，使他有很多机会能够接触到这些先锋派艺术家们，并与之探讨当代艺术的创作思想和艺术作品。这些先锋艺术家们重视内心表达和情感体验的创作方式并与盖里的创作理念产生共鸣，同时也对他的建筑创作产生了巨大影响。在他后来从事建筑创作的职业生涯里，因为与艺术家们的频繁交流，激发了他释放先锋艺术式建筑创作理念的冲动。

2. "无意识"的创作

在众多的先锋派艺术中，盖里十分钟情于行动绘画派的创作方式。该画派产生于20世纪40年代的纽约，从他们的作品来看，艺术家们似乎不再注重再现自然，而是将他们的创作过程及作品本身视为自然。同时，艺术家的创作过程也被看作是一种对现实世界认知和体验的真实表达过程，即主要是展现一种无形式的、即兴的、动感的、有生命力的、技巧自由的艺术创作过程，而作品本身则是这种过程的必然结果。 这一画派的流行时期正值盖里的青年时代，画家们那种全新的创作理念对盖里产生了极大的影响。在构筑自己的建筑创作理念和探索新的建筑表达方式上，使他有了一个非常明确的借鉴目标。同时，这一画派也对盖里的审美意识产生了重要的影响。尤其是艺术家们倡导的"自动构思"创作方式，使盖里深受启发，并在他的建筑实践中被发展成为"无意识"的建筑创作方式。

3. 非凝固的造型

盖里想要借助这种"无意识"的创作方式来塑造一种"无意识"的建筑形态，以表现飞速发展又充满矛盾冲突的时代特点。在盖里的许多作品中，对于细部形态的把握与处理经常呈现出一种非确定性的、随机组合性的和偶然性的特征。就像是处于液体和固体的临界状态一样，虽然不是凝固的，但也并非是流动的状态。希望用一种完全不同于传统的创作方式来摆脱头脑中固有思维模式对建筑形态创作的影响，借鉴当代绘画艺术的创作方式来进行建筑形态语言的创作，这正是盖里所进行的尝试。为了创作出前所未有的建筑形态，盖里在努力地摆脱传统的构思方式。他在"自动构思"的过程中试图挖掘出潜意识里所要表现的种种形态，那张杂乱无章的草图就是其创作过程中极其重要的一环。然而，要创作出这样一个梦幻般的"时空"意象，并在那里与观众的思维产生共鸣，没有非凡的控制力和敏锐的洞悉力是难以实现的。盖里在借鉴"无意识"创作这个理念的高明之处在于，他巧妙地将当代艺术的构思方式最大化地运用到建筑创作上来，并取得了令人意想不到的艺术效果。盖里在满足建筑使用功能的前提下尽可能地制造出动态趋势。他会在一座建筑中的不同功能部分按照使用功能的区分进行不同程度的变形处理。为了保证建筑主体的使用功能不受影响，盖里只是将建筑的辅助功能部分，如楼梯间、雨篷、屋面、功能空间的局部进行扭曲式的动态处理。正是这些组合部分都以动态效果出现，使整体形态的动态效果更加突出。见图7-2。

图7-2　神秘以及梦想空间

4. 曲与直的对抗

在建筑艺术领域，为了摆脱传统的束缚，建筑师们进行了各种形式的探索。而在这群建筑师中，盖里率先对建筑传统采取了较为极端的对抗形式。为了摆脱传统的建筑设计法则，盖里选择了曲线作为建筑形态的主要构成元素。他的作品因摆脱直线条和传统方盒子式的造型方式，更多地使用生动的曲线而超然卓绝。他用复杂多变的曲线来活跃建筑的性格，让直线在他的建筑中成为配角来衬托那些灵动的曲线。盖里的这一做法一方面可以归结为他对曲线的偏爱，另一方面应该归结于他对传统的突破。盖里作品中曲线和曲面的演绎终于为它们在建筑设计中的运用开辟了崭新的时代。这在建筑形态发展的历史上应该是开天辟地的一页。盖里完成的一系列作品让我们认识到用自由随意的曲线、曲面构成的建筑形态要比直线平面更复杂多义和千娇百媚。在他的作品中曲线成为更丰富、更重要的元素，它们贯穿于整个作品的整体和局部，它们的使用拓宽了建筑创作领域的构思方式，为人们呈现出多样的演绎方式和美学特征。见图7-3。

图7-3　弗兰克·盖里的手稿

　　在某种程度上来说，盖里所精通的这种形式破坏了本国的总体流行形式。尽管他的作品与其他建筑师作品有很大程度的不同，但在某些类别上又有或多或少的联系。相比而言，在与传统的城市功能、形式、空间以及总体外形等方面的比较上，盖里的作品具有相当的优越感。他创造了一种独特的风格，在建筑形式上开启了新的篇章。盖里在建筑和艺术间找到了共鸣，这也说明公众同样也渴望在建筑中融入艺术，这两项同样是不可预知并且充满了惊奇感，这种合成主要体现在明显与模糊、自然与人工、新与旧、晦暗与透明、闭塞与空旷等方面，这就是盖里的作品与其他建筑作品最为明晰的对照，因此盖里被誉为"建筑界的毕加索"。

　　盖里曾说："我喜欢这种在建筑过程中看不见的美，而这种美又常常在技术制造过程中失落。"他把传统的建筑逼上绝路，他的作品因抛弃直线条和传统的造型方式，偏爱生动的曲线和不同寻常的材料而超然卓绝。

　　他使用金属作为房顶和墙面的外壳，这使他能够用单一的材料制作出三维的形状。

他试图用鱼的形状来尝试获得动感，并观察他所能达到的抽象程度同时又不失去原有的样子。这些探索的最后形成了毕尔巴鄂那一眼可见的复合曲线。见图7-4，图7-5。

图7-4　鱼的复合曲线（一）　　　　图7-5　鱼的复合曲线（二）

7.2　扎哈·哈迪德（飓风的流动）

扎哈·哈迪德（Zaha Hadid），2004年普利兹克建筑奖得主，建筑作品在学术界和公众中有很高的荣誉。她所设计的最优秀最著名的工程是德国的维特拉（Vitra）消防站和位于莱茵河畔威尔城（Weil am Rhein）的州园艺展览馆，英国伦敦格林威治千年穹隆上的头部环状带，法国斯特拉斯堡的电车站和停车场，奥地利因斯布鲁克的滑雪台，以及美国辛辛那提的当代艺术中心等。她曾在哥伦比亚大学和哈佛大学任访问教授，在世界各地教授硕士研究生班和开办各种讲座。

1. 飓风一般的设计

"像飓风一般，风暴全都在外面。"这就是扎哈·哈迪德（1950-2016）。2004年她获得普利兹克建筑奖，成为这个奖项的第一位女性获得者。颁奖词开篇说道："她的建筑生涯既不传统，也不是一帆风顺的。"也许所有的建筑师都必须奋力拼搏，而哈迪德付出的艰辛比多数建筑师还要高出很多。她简单而专注，数十年如一日，不为任何外力所动摇，这些信念和精神造就了她今天的传奇。或许，哈迪德的作品之所以如此充满力量，一方面是因为她纯真的艺术特质；另一方面，则是在建筑师这个几乎全部是男性的领域，女性必须创作充满力量的作品才可以适者生存。看来不仅建筑物"飞了起来"，建筑师也"腾空而起"。见图7-6。

图7-6　扎哈·哈迪德的手稿

2. 建筑的抽象化

建筑界大多数人都以为扎哈的表现只是像乌托邦一样的幻想，那像爆炸一样的抽象画。学数学出身的扎哈认为，建筑设计就像科学实验一样，你必须抛弃现有的语言，从其他角度去考虑问题，试验再试验，所有现有的语言都有它的局限性。现在我们对扎哈的认知就是通过它那极富个性的造型和绘画的语言来实现的，正是由于她过于独特从而成为备受争议的人物。然而建筑世界面对扎哈近似于疯狂的设计已经无可奈何，我们必须接受扎哈这位另类建筑师的存在，从她手中去寻找未来设计的钥匙，打开想象力的大门。

扎哈在她的第一个设计作品"顶峰"（Peak）中，对"火箭式样"的领略是明显的。这个作品与展览室前部所占的空间适当配合。"顶峰"设计于1982年，是位于香港山腰的一个旅馆。虽然这个竞争获胜的设计方案一直没有实施建设，但它却使哈迪德获得了国际声誉。

3. 在秩序中创造混乱

扎哈·哈迪德经常被看成是一个幻想家，从纽约古根海姆博物馆举办的扎哈个人作品回顾展来评判，这个头衔与她依靠灵感来处理设计问题有关。这个展出，沿着螺线，以一种直线的方式进行，开始是绘画，然后是纸浮雕、模型和透视图，最后，以完工的建筑物的照片作为结束。

扎哈·哈迪德的作品并非被全盘西化与现代性，设计架构多角度透视、快速移动而强烈的造型和科技性的架构，整合为描述多于定义的意象。见图7-7~图7-9。

图7-7　空间移动而强烈的造型

图7-8　科技性的意象整合架构

图7-9　起伏的"沙漠"形状

扎哈·哈迪德设计的广州歌剧院，外部地形设计成跌宕起伏的"沙漠"形状，与周边高楼林立的现代都市构成鲜明的对比。主体建筑造型自然、粗野，为灰黑色调的"双砾"，它隐喻由珠江河畔的流水冲来两块漂亮的石头，这两块原始的、非几何形体的建筑物就像砾石一般置于开敞的场地之中。设计既融合了勒·柯布西耶的粗犷主义风格和后现代建筑的隐喻理论，又发挥了动态构成设计手法。虽然扎哈把歌剧院比做两块宁静的石头，但极具动感的流线造型仍然可以让人们联想到石头被冲刷的过程和流动的珠江。它有着颠覆常规的梦幻空间，是一座承载梦想的先锋建筑。

7.3 凯莉·赫本（天人合一）

凯莉·赫本（Kelly Hoppen）是英国顶尖设计师，她为很多名人设计住宅及，也做过很多商业场所包括航空公司头等舱设计。她将奢华运用到极至，以冷静、简洁、优雅并富有创意的设计而闻名于世。

这位顶级室内设计师曾获得安德鲁·马丁"年度国际设计师奖""Ella室内设计奖""Homes & Garden Awards""GRAZIA年度设计师"、欧洲妇女联盟颁发的最杰出女性企业家奖，这个奖项让她的名字与田径运动员Paula Radcliffe、女帆船运动员EllenMacArthu、成功穿越南北极的探险家Fiona Thorne、畅销书作家Kate Mosse和播音员Angela Rippon等这些杰出女性联系在了一起，成为欧洲最富盛名的女性之一。

凯莉·赫本很早便表现出不同寻常的设计天赋，17岁时，她开设了以自己名字命名的室内设计公司，27年过去了，这家公司已经发展到了35名成员，其伦敦、巴黎以及纽约的办事处可以同时管理平均40项国际性项目，业务范围涵盖住宅、公寓、游艇、度假小屋、酒店、办公空间、私人飞机等不同的空间，就连大不列颠航空公司的头等舱也是由该公司进行设计的。见图7-10。不仅在室内设计领域表现突出，精力充沛的凯莉·赫本还在运营其个人零售作品商店和一个室内设计学校，她还是多种设计类书籍的撰稿人，最近忙于自传的创作，同时，她还设计自己品牌的家具、灯具、地毯等家居产品，并为其他品牌创作一系列的产品。

图7-10 人性化度假小屋庭院

凯莉·赫本的理念是很自然的，就是中国人讲的"天人合一"。在她的作品中，有的是像沙子的颜色，有的是像卡其布的颜色，有的像泥土的颜色，也可以把这种很简单很自然的颜色用在室内，它不会金碧辉煌，但是它会使人感觉非常和谐。不管中国还是日本，都是东方文化，正是东方文化使她的设计更富有东方的神韵、更加的国际化。东西文化的结合，使其作品更加的出彩和与众不同。但除了东方文化之外，她还把地中海文化、摩洛哥文化都融入到她的设计之中。

凯莉·赫本作为一个成功的设计师，第一有激情，第二要专注，第三要勤奋。但三个条件还只是基础，凌驾于这个基础之面的是信念，一定要坚信，一定能做到。关于设计，凯莉·赫本的第一个关键词就是自然。所用的材料、图画要自然，而且设计信念、理念统统都应该来源于自然。正是因为是基于自然的理念，设计才会体现出来自自然的要素，这样才符合现在大家都在追求的和谐。

凯莉·赫本有着丰富的家居空间设计创意，也从她的经历中规划出许多原理，并出版多本书籍以传达她对生活品位与家居空间的理解。将生活品位表达于居家空间中最简单的方法就是尽情表达自己，增加一些具有情感意义的对象于空间中，比如几株新鲜的花朵，空间生活美学就可以如此简单地开始。她认为所谓自我的生活美学并非是一位顶尖设计师帮你完成一切，家居空间最主要也最难营造的是一种"人"的味道，也许每一张椅子，每一只杯子都来自于名师设计，但假如缺少了人的感情，空间就成了无生命的面体，所以她常常提供许多意见帮主人把生活的感情表现布置在家居空间中。

带有人性的生活空间营造，凯莉·赫本提出了几点简单明确的方针，她相信每个人都有一种属于自己的色彩，而适度地将这颜色表达于空间里，不随着所谓的设计潮流而将每个人的家居空间打造成皆是大量的白墙，也可以用布料以及不同的花纹织品营造空间的层次，让其显得丰富并有温度，家具与空间的比例或颜色可以玩出一些鲜明，还有最为重要的一点就是，如何选择与摆置图片或照片，以及一些具有纪念价值的对象，这些看似小型的装饰对象却常常是空间的主角，见图7-11~图7-14。她的设计融合着东西方的文化特质，在古典与现代之间做出一种中性的诠释。生活空间最不可或缺的一个元素，就是来自大自然里的花卉，它们的存在可以点亮不起眼的角落，甚至让每个人拥有了可以开始思考美学的起点。

图7-11 公寓客厅比例、颜色与摆置

图7-12 时尚餐厅空白的天花、灯饰

图7-13　工作室空白的天花、墙面　　　　图7-14　摆置图像或照片的记忆

7.4　贝聿铭（自然的空间）

　　贝聿铭（Ieoh Ming Pei），美籍华人建筑师，毕业于麻省理工学院和哈佛大学建筑专业，荣获美国建筑学会金奖、法国建筑学院金奖、日本帝赏奖和普利兹克建筑奖，被称为"美国历史上前所未有的最优秀的建筑家"，其中普利兹克建筑奖相当于诺贝尔奖，是建筑界的最高荣誉。1986年里根总统颁予的自由奖章对他最具意义，该奖表彰非美裔的美籍杰出人士，这枚奖章的价值高于他曾获得的任何奖项。

　　在贝聿铭的设计领地里，单纯又随心所欲地利用着建筑的时间、地点和目标。这就是他的风格，或者说没有风格，这种随意是与生俱来的。作为一个现代主义建筑大师，他被描述成为一个注重抽象形式的建筑师，喜好的材料只包括石材、混凝土、玻璃和钢，他用笔和尺建造了许多华丽的宫殿；他更是极其理想化的建筑艺术家，善于把古代传统的建筑艺术和现代最新技术熔于一炉，从而创造出自己独特的风格建筑。融合自然的空间理念，主导着贝氏一生的作品，这些作品的共同点是内庭，内庭将内外空间串连，使自然融于建筑。上海美术馆是贝氏的毕业设计，严谨的平面间错安排了数个内庭，使之观感为各个不同艺廊的背景，将自然引入室内是他的设计特点。内庭设计是贝氏作品不可缺少的元素之一，光与空间的结合，使空间变化万端，"让光线来做设计"是他的名言。

贝聿铭的建筑设计有三个特色：一是建筑造型与所处环境自然融化。二是空间处理独具匠心。三是建筑材料考究且内部设计精巧。这些特色在"东馆"的设计中得到了充分的体现。几十年来，贝聿铭在美国各地负责过许多博物馆、学院、商业中心、摩天大厦的设计工作，也在加拿大、法国、澳洲、新加坡、伊朗和北京、香港、台湾等地设计过不少大型建筑。他是当之无愧的世界级建筑大师。

贝聿铭设计的代表作是卢浮宫玻璃金字塔，高21米，底宽30米，耸立在庭院中央。它的四个侧面由673块菱形玻璃拼组而成。这座玻璃金字塔不仅是体现现代艺术风格的佳作，也是运用现代科学技术的独特尝试。在这座大型玻璃金字塔的南北东三面还有三座5米高的小玻璃金字塔做点缀，与七个三角形喷水池汇成平面与立体几何图形的奇特美景。人们不但不再指责他，而且称"卢浮宫院内飞来了一颗巨大的宝石"。

贝聿铭设计的香山饭店，运用了中国传统住宅建筑多单元分开建筑形式。布局采用了多院相连的区分和联和方式，整个旅馆分为五个区段，中庭具有巨大玻璃天窗顶棚，内部设计了一个典型的室内中国庭院，从这个中央活动区伸展出客房区和后面的园林区等；采用中国建筑传统的中间轴线布局，不强调现代建筑的玻璃和钢结构；建筑采用钢筋混凝土结构，但是客房部分依然采用砖承重的传统建筑结构，色彩配置上采用中国传统的白色（抹灰墙面）、灰砖线脚，以灰、白两色为基本色调，是中国唐代建筑和浙江居民、园林建筑的基本色调，以此突出民族性；重视园林和绿化在建筑中的作用，借景入室的手法比比皆是；内部材料上尽量使用自然材料，特别是木，竹等，色彩中性偏暖；重复使用中国传统符号特征形式：方和圆，无论建筑立面、内部、大门、照明灯具还是客房的内部设计，这两个形式总是重叠反复出现，简单而丰富，完整的体现了贝聿铭的环境原则和多元因素综合考虑原则。

苏州博物馆为苏州地方综合性博物馆。馆址为太平天国忠王李秀成王府，是至今保存最完整的一座太平天国王府建筑。整座建筑雄伟壮丽、曲折敞亮。在整体布局上，新馆巧妙地借助水面，与紧邻的拙政园、忠王府融会贯通，成为其建筑风格的延伸。新馆建筑群坐北朝南，被分成三大块：中央部分为入口、中央大厅和主庭院；西部为博物馆主展区；东部为次展区和行政办公区。这种以中轴线对称的东、中、西三路布局，和东侧的忠王府格局相互映衬，十分和谐。新馆与原有拙政园的建筑环境既浑然一体，相互借景、相互辉映，既符合历史建筑环境要求，又有其本身的独立性。中轴线及园林、庭园空间将两者结合起来，无论空间布局和城市机理都恰到好处。见图7-15，图7-16。

在屋面玻璃与钢管支撑杆之间的空间，设计了滤光作用的仿木色铝合金格栅。除了美学上的成功外，格栅梦幻般的影子洒在美术馆的大厅及走廊，这与传统的日本竹帘式的"影子文化"产生了异曲同工的效果，这种强烈的效果是始料未及的。

图7-15 以中轴线及园林、庭园空间建筑空间 图7-16 以中轴线空间布局

贝聿铭反对在建筑上随波逐流、趋于流行，他总是兢兢业业地在现代建筑中反复推敲、反复研究、从而提炼和发展了经典的现代主义建筑，使之达到了一个又一个高度。在追随潮流的现代建筑中，他体现出一种自信、坚定、明确的设计立场，同时不对第一代大师盲目地崇拜。身为现代主义建筑大师，贝聿铭设计的建筑四十余年来始终秉持着现代建筑的传统，贝聿铭坚信建筑不是流行风尚，不可能时刻变花招取宠，建筑是千秋大业，要对社会历史负责。他持续地对形式，空间，建材与技术研究探讨，使作品更具多样性、更优秀。他从不为自己的设计辩解，从不自己执笔阐释解析作品观念，他认为建筑物本身就是最佳的宣言。

7.5 季裕棠（无限猜想）

季裕棠（Tony Chi），美国tonychi设计协会主席设计师中的设计师，上海柏悦酒店设计师。身为Tonychi及其关联公司的创始人和总裁，在过去的20多年中，他一直身先士卒，领导完成了该公司承接的数以百计的项目。他在公司内部组建了一个精英设计师团队，成员都是来自世界各地的多面手团队，因而有信心承诺完成所承担的所有项目。他于1984年成立了自己的Tonychi设计公司。尽管初衷只是为了在餐厅和酒店设计中注入新鲜的元素，过去的二十多年中，他担当的设计涵盖了各种其他项目。这些经历大大激发了他的想象力。

2000年，由于在芝加哥的NoMI酒店的卓越设计，他被授予室内设计杂志的"最佳酒店餐厅奖"。

2002年9月刊称他为纽约最成功的本土华裔之一。2005年11月，基于季裕棠在世界餐厅和酒店设计方面的突出贡献，美国食品艺术杂志为其颁发了"银匙奖"。

季裕棠这样说："你要无止境地学习。每个新项目都如同你面前未开封的礼物，你的脑海中充满了对其内容的无限猜想。"艺术热情、对艺术的执着、年轻人对"项目"的热忱、以及独特的激励领导艺术，所有一切融合在一起，凭借对设计的热忱和敏锐的设计本能，他对如何将建筑、室内设计、制图学以及家具、配饰和餐具设计融为一体进行了有效探索。他以想象力奇绝而著称，设计风格完美无瑕，富有创新精神和睿智魅力。在每个项目中，他都鼓励自己的专业设计团队能够同时兼顾创新性、感官吸引力和实用效果。通过跨越文化与全球性观点的结合，在全球范围实践了自己的设计哲学，高级餐厅、豪华酒店、零售店、健身俱乐部以及其他商业场所的设计。见图7-17~图7-21。他的设计能够将物理环境转变为感官体验，并通过光线、色彩、质地、以及体现人类努力的符号来展现自己的设计。

图7-17　Spoon（香港）（一）

图7-18　Spoon（香港）（二）

图7-19　简洁、纯朴的上海柏悦酒店大堂

图7-20　"家"的体验（一）

图7-21　"家"的体验（二）

7.6　矶崎新（未来的空中城市）

矶崎新是日本后现代建筑流派的代表人物，他的设计常以离奇古怪而闻名于世。虽然他作品早已遍布世界各地，但真正使他出名的却是他那些未建成的建筑，人们给了他一个非常奇怪的称呼，未建成大师。与当代大多数著名建筑师不同，矶崎新的作品更多流露出的是他独特的艺术气质，而这种气质与他的经历有着极大的关系。虽然他所从事的是建筑设计，但他也是一位狂热而活跃的艺术家。

矶崎新有着极其敏锐的洞察力和幽默感。他把传统信仰和西方文化结合在一起，设计作品兼取东西方文化的设计思想，将文化因素表现为诗意隐喻，体现了传统文化与现代生活的结合。设计时，他在脑海中勾勒出大致图形，然后将其转换为一种清新、多彩、纯粹和深刻的几何模式。运用简单的几何模式营造出结构清晰的系统和高水准的建筑技术，他常将立方体和格子体融入现代时尚之中。他的作品简洁、粗犷却不显自大，圆拱状的屋顶是他设计的标志特点。他能利用不同的结构和造型创造出大量的空间，并努力使边缘看起来更为柔和。在矶崎新看来，千年以前的建筑和被战争毁坏的城市早已成为废墟，而未来出现的城市也终将化为灰烬，因此，真正意义上的建筑，只是存在于他的方案之中。由于没有建成，就不会遭到破坏，并永远存在于建筑史中。这种废墟理论驱使矶崎新不再追究建筑本身是否真实，他运用反建筑的观念来诠释建筑，并针对当时无法回避的社会问题，设计出了一系列无法实现的建筑方案，这些方案在当代建筑史上被命名未建成。

早在1962年矶崎新就推出了一个名叫空中城市的方案，出于对当时日本人口爆炸，土地稀缺的反思，他设计出了一个由树状单元组成的空中城市，提醒人们关注应大量建造盒子一样的摩天楼给生活带来的烦闷和枯燥。矶崎新设计的这一解决方案使很多人感到离奇古怪，而更多的人则将它看成一件异想天开的作品，而这个无法实现的关键作品，也成为他早期最著名的未建成代表作。

此后矶崎新又陆续推出了类似的方案，虽然这些方案都仅仅停留在纸上，但是却给他带来了极大的知名度，凭借这种观念作品他成为了20纪60年代日本年轻建筑师中的领军人物，有人甚至把他称为建筑界的切·格瓦拉。1972年在他阅读了大量科幻小说后，矶崎新又推出了一个叫电脑城市的系列方案，在这个更加超乎人想象的作品中，城市被设计成了一种类似电脑网络的格局，各种不同功能的建筑，像电脑中断一样相互连接，同时他还设计出了一种能够移动的感应式住宅，里面不但配备了各种机器人，为人类服务，而且居住者可以根据自己的意图来随意改变空间和领域，这个方案同样成为他又一个著名的未建成作品。作为一位享有盛名的艺术家，矶崎新的未建成理论对当代前卫艺术产生了巨大的影响，然而使他闻名天下的不仅仅是那些惊世骇俗的观念设计，这位从业40多年的职业建筑大师，还有很多足以写入当代世界建筑史的已建成建筑。

矶崎新设计的喜马拉雅中心建筑，像中国的汉字双喜字所在的两个方形大楼底部的墙面上，也布满了一些形似汉字，但又并非文字的古怪符号，矶崎新称它们为天书。在天书的中间分布着许多不规则的异型体，它们崎岖蜿蜒并相互交错，矶崎新给它起名为林，整个建筑更像是后现代艺术家的装置作品。见图7-22~图7-25。

图7-22　像中国的汉字双喜字

图7-23　不规则的异型体建筑（一）

图7-24　不规则的异型体建筑（二）

图7-25　不规则的异型体建筑（三）

　　20世纪60年代，矶崎新根据中国古建中榫卯结构的特点，设计了他最著名的作品——空中城市，而当时的建筑界正狂热地充斥着西方的建筑思想，许多人都希望设计和建造标新立异的摩天楼，很少有人对矶崎新作品中所蕴含的建筑哲学感兴趣，这导致他成为世界上最著名的未建成大师。1978年一直不愿追随建筑潮流的矶崎新认为，世界不再需要他这样的建筑师，于是他开始淡出公众的视线，转而开始对自己痛苦反省，直到有一天他走进一个特殊的寺院之后，所有的困惑都迎刃而解，那就是高桐院。进入高桐院之后首先要走过一条崎岖难行的小路，矶崎新说："非常难走，这种让人难走的状态强加于别人，是铺这种石子的路的最关键的地方。"然后会发现，所有的房间的门都十分低矮，若想进入其中，就必须低头弯腰，更有趣的是如果想到房间的茶室中休息只能从一个窄小的门口爬进去，就是这个让许多游人不很舒服的小院，让矶崎新得到了巨大的启示。矶崎新说："从狭窄的地方钻进去，这是强加给人一个动作，可以让人的心理状态，转换到另一种状态。"东方的建筑美学提供给身处其中的人可居可旅的感受，与西方的建筑理念有很大的不同。东方建筑它特别强调就是，你在这个建筑里面行走的时候，它给你有不同的体验。世界上被公认的最好的建筑一定具有这种用身体可以去感受的因素，能不能做到这个，能不能从头好好考虑这个问题，才是矶崎新的建筑的关键之处。

　　1998年矶崎新在中国成功竞标了深圳文化中心，他设计的两个不太过的玻璃房子，构成了深圳文化的图书馆和音乐厅，一根根长短不一的线条，构筑出了流线体的外墙，他的内部则由伞状的树型结构来支撑。这一造型简洁的设计，给高楼林立的深圳带来一种特别的感觉。许多深圳人都认为，在高速的都市生活中，深圳文化中心成为了一处僻静的修新养性的场所。见图7-26，图7-27。

图7-26 两个不太过的玻璃房子（一）

图7-27 两个不太过的玻璃房子（二）

7.7 隈研吾（消失的建筑）

　　日本著名建筑设计师，曾获威尼斯双年展"日本馆"大奖，及多项国际大奖，包括芬兰自然木造建筑精神奖、日本建筑学会东北宪章设计大奖、日本建筑学会奖、自然木造建筑精神奖、国际石造建筑奖，"互动内部空间"设计选集大奖、波士顿建筑师协会未建成建筑优秀奖、美国建筑学会杜邦Benedictus奖第一名、地域设计奖大奖等，他还是哥伦比亚大学和亚洲文化委员会研究所访问学者。见图7-28~图7-31。

图7-28 空间多元方程式（一）

图7-29 空间多元方程式（二）

图7-30　空间多元方程式（三）　　　　　　　　　　图7-31　空间多元方程式（四）

　　"让建筑在地面消失"，隈研吾尝试用无秩序的建筑来消除建筑的存在感，让凸显的造型性存在形式反过来变为凹陷隐蔽的形式。在原山顶上，筑造一个剖面呈U字形的混凝土构造体，然后在上面堆土、植树，恢复山原来的形状。建筑看上去只是在山顶大地上开了条缝，并且只有从空中鸟瞰才看得见这条缝，从地面人们看到的只是山。如果说通常建筑的存在形式是造型性的，这个展望台就是空洞性的，采用了造型的逆转形式，建筑的形态被抹消了。尽管如此，在这个建筑里人们在经验上对建筑空间秩序（sequence）的认识还是确实地存在着。通过做这个建筑我发现了以体验性的建筑、以作为现象的建筑来取代从前的建筑形态的可能性。

　　建筑玻璃幕墙往往隔断了环境与主体的联系，需对在环境中不断变化的主体的活动进行分析，主体相对于粒子的距离、主体在场地中以怎样的速度移动，解开这个多元方程式，可以决定粒子的素材与尺度。对于建筑来说最重要的不是形态或造型，而是构成这个建筑的粒子。成功地设计出最合适的粒子，建筑与环境就能相互融合，建筑也就消失了。在这样的思考与实践中不是简单地把建筑埋起来而是用把建筑粉碎解体的方法来使建筑消失。粒子的设计完成了，其他的因素，如平面、形态也跟着自动解决。传统的设计流程是首先决定平面和形态，最后再考虑室内外分界部分的细节。

　　隈研吾设计的项目主要有枥木县那须市的Bato-machi Hiroshige博物馆、"高柳社区中心"、山口县"木佛博物馆"、北京"竹墙"和在东日本的"莲花房"等。

　　隈研吾的禅宗与生活观点："所谓的禅，所谓的宗教性，所谓的文化性，这些都结合得很紧。"

7.8 乔治·雅布与格里恩·普歇尔伯格组合（原味与独特）

乔治·雅布（george yabu）与格里恩·普歇尔伯格（glenn pushelberg），加拿大人，曾获奖项《美国室内设计杂志》《名人堂》《hall of fame》，他们凭借多伦多Monsoon restaurant的优秀餐厅设计，荣获James Beard Foundation大奖，他们为纽约Blue Fin完成的卓越设计，获得大奖的提名，被选为Contract magazine "年度设计师"，荣登《Interior Design》杂志的名人榜。他们对设计界的贡献，以及他们推动设计的商业发展方面，令他们于最近获得母校多伦多怀雅逊大学颁授荣誉博士学位，他们获得享负盛名的Platinum Circle大奖，以表扬公司于酒店设计领域的杰出表现。此外，他们亦于纽约举办的2004年度国际酒店及餐厅展览中，获得 "年度设计师" Gold Key大奖。他们最近获得的其他奖项，包括两项酒店设计Gold Key大奖，获得年度最佳设计项目大奖中的公众空间类别优异奖，荣誉：作品刊登在《美国室内设计杂志》《名人堂》《hall of fame》栏目中；詹姆士·布莱德基金授予他们优秀餐馆设计奖。雅布和普歇尔伯格曾获得母校赖尔森（ryerson）大学荣誉博士头衔。

Yabu Pushelberg的创意思想

"独特"是Yabu Pushelberg赋予给他们所设计发想的案件，一个专属于他们自己的灵魂，虽然身为各个不同公共空间的创造父母，即便是相同的题材，也能将设计的概念脱离出旧有的框架，使其更贴近品牌的气质与特色。"独特性对于国际化品牌来说十分的重要，而我们的责任就是精准与完美地将这些特质呈现出来。"在Yabu Pushelberg的作品中，看不到重复性的设计潮流，"我们特别专长于创造独特"，Yabu Pushelberg表示。这样的自信与气度造就了Yabu Pushelberg 与世界知名品牌联手打造许多专属品味的设计空间。已完成的工程：纽约泰晤士报广场旅馆设计；卡米诺餐馆设计；纽约石头玫瑰和威士忌酒蓝色酒馆设计（stone rose and whiskey blue bars）；拉斯维加费尔玛饮食店设计；东京玛梦餐馆和一处四季旅馆的设计。走入Yabu Pushelberg 所设计的空间，无论是饭店、餐厅或是商业公共空间，一种绝无仅有的空间经验，使你不自觉地被各色各样工艺装饰品所吸引，空间的氛围丰富且多元：经典饭店大厅的气宇轩昂，金与黑精确呈现的庄重气度，层层金黄色珠帘自上空垂下，与极富东方情调的屏风相互辉映融合，湛蓝的海洋情调与白色波浪墙面强化空间的流动性，色彩纷呈的作品在展示空间翩翩起舞，金属质感的树木枝干，后现代摩登的商业空间与深入LV时尚印象的旗舰店。然而，很多人都不知道这些特立独行的精彩作品都是出自Yabu Pushelberg最具原味的创意设计。见图7-32，图7-33。

图7-32　品味的设计空间（一）

图7-33　品味的设计空间（二）

7.9　BIG设计团队

　　B.I.G是一个由建筑设计师、产品设计师、设计思考者组成的在建筑、城市等多领域广泛合作的国际化事务所，位于丹麦。一直以来，B.I.G与时俱进的设计理念通过对项目不断地做出积极回应，保持了极强的创新性、不可预知性和高效性，因此具有一种无可辩驳的说服力。事务所的创立者、设计总监比亚克？因格尔斯（Bjarke Ingles）吸引了一大批才华横溢的设计师以及世界各地睿智且富有雄心的客户。这是因为他出众的才华能够在不断的"运动"中寻找到创造性的协作方式，将潜在能量和未知动力转化为前所未有的、令人惊讶、实用美观而具经济价值的解决方案，以应对每一个具体和复杂的挑战任务。

B.I.G的作品已经获得了丹麦皇家艺术学院奖、意大利威尼斯建筑双年展评委会特别奖、世界最佳住宅、北欧国家最佳建筑奖等一系列国际奖项。他们的作品不断受到社会关注，如在哥本哈根的环绕大片运动场地的三公里长的边界宅区、沿着连接丹麦和德国两国大桥的融合了丹麦所有海港活动星形超级港，以及最引人注目的容纳了丹麦国宝小美人鱼铜像的2010年中国上海世博会丹麦馆。见图7-34，图7-35。

图7-34　哈萨克斯坦新国家图书馆

图7-35　金博尔艺术中心

BIG的设计理念

BIG事务所探究的是进化论，与达尔文所描述的一种过剩和选择的过程，他们将每个人的社会关系与多元利益结合从而决定哪些想法可以最后的存留下来。幸存下来的想法再通过变异，杂交形成一种新的建筑模式，继而演化发展。建筑进化论的设计理念一直支撑着BIG事务所探寻着属于他们自己的建筑形式，建筑进化论的核心思想是假定场地环境，对整个建筑形式的设计与概念规划提供有效合理的信息源，这个假定的接受态度被亚克·因格尔斯的描述成了是即是多。理论的核心就是那些持着反对意见的设计师，通过这种反对而树立自己的建筑师们，不过是以一种矛盾的处理方式来跟随前人的设计脚步，由此产生了一种假循环。不同的是那些持着同意的态度的设计师们，所表达的是一种不断与外界交融形成他们可触碰范围内的价值体系，从而使他们的建筑形式得到发展与进化。

7.10　MVRDV设计团队

　　MVRDV建筑设计事务所是当今荷兰最有影响力的建筑师事务所。它由韦尼·马斯（WinyMaas，生于1959年）、雅各布·凡·里斯（Jacob van Rijs，生于1964年）和娜莎莉·德·弗里斯（Nathalie de Vries，生于1965年）这三位年轻的荷兰建筑师组成，事务所的名称即取自于这三位建筑师的姓氏。尽管他们的事务所创建时间不长，设计并建成的作品也不多，但他们的作品在国际建筑界受到广泛关注。

MVRDV设计团队创新思想

　　MVRDV非常关注荷兰整体的社会发展趋势。不论在建筑或城市设计中，还是在景观设计中，他们都希望表达一种对社会生活状态的独有理解和关怀。众所周知，荷兰是世界上最富有的发达国家之一，这一方面为人们提供了非常便利舒适的现代生活条件，另一方面，也消除了城乡之间原有的各种差异。然而，MVDRV却对因此产生的普遍社会认同感与社会均质特征持怀疑态度，认为这种状况带来了城市区域与乡村区域之间界限的含混与模糊，造成不同区域个性化特征的消失。因此，与一些城市设计理论相反，他们极力主张在现有城市区域中实现建筑密度最大化，反对城市区域的不断扩张，同时主张在郊区和乡村地区尽量维持建筑的低密度、低影响和临时性发展。他们不仅在理论上积极宣传这些观点，还在实践中努力贯彻这些原则。在他们设计的每一个方案中，我们几乎都可以看见建筑密度最大化原则的影响。

　　在具体的实施过程中，他们首先把各种制约因素作为建筑组成的一部分信息，通过计算机转换处理为数据并绘制成图表，这样既取得了直观的效果，也使建筑师更容易理解并处理影响建筑最终生成的各种因素。这就是所谓的"数据景观"的概念。MVRDV认为这个概念的提出为建筑师呈现了更全面理解建筑的方向，挖掘了设计中更广泛的潜在可能性，也提供了非常新颖和有效的设计方法。在MVRDV设计的一些办公楼以及住宅中，就运用了这些概念和方法，例如，在一个方案中，他们设计了独特的螺旋形防火楼梯；在另一个方案中，他们设计了相互耦合的"L形"剖面。

　　另外，MVRDV非常注重景观设计，这可能与事务所中的核心人物韦尼·马斯的大学教育背景——景观设计专业有直接关系。他们认为深入的景观考虑，一方面，拓展了建筑师对建筑内容的理解，另一方面，促使建筑师更加关注建筑与环境的互动关系。他们经常把景观设计作为一种设计隐喻贯穿于建筑设计之中。为了尽量避免对周围景观的影响，他们的作品常常将建筑底面积减至最小，有时，为了保持景观的连续性，他们甚至企图制造一种建筑在"飘浮"的感觉。然而，在他们的有些作品中，为了满足个体建筑自身的景观需要，设计者也完全不顾及与周围建筑的关系，表现出强烈的以自我为中心的个性化倾向。

RVU和VPRO是荷兰最大的两家广播电视公司。他们的新办公楼都位于希尔维森市郊希尔维森山的一座媒体公园（Media Park）中，相距不远。在这个树木繁茂的山坡上，新的RVU办公楼的首要要求就是尽量不破坏原有地形，以确保媒体公园内连续的"生态联系"。基于这样的出发点，MVRDV把新的办公楼直接插入山坡较陡的一侧，并设计了一条解决参观者及自行车下坡流线的走廊。这样，原有景观通过屋顶继续延伸，而屋顶还

可以作为观看媒体公园和周围环境的公共平台。整座建筑被一部宽阔的楼梯一分为二，一方面提供了从邻近的街道穿过屋顶到山下场地的一条公共路线，另一方面也为新办公楼提供了位于建筑中心部位的主入口。建筑的立面以及悬空的底面都外包一层深褐色耐腐蚀高强度钢板，既呼应了不远处明纳尔特（Minnaert）办公楼黄褐色的立面，又与深褐色的土地相呼应。见图7-36~图7-38。

图7-36　RVU新办公楼（一）

图7-37　RVU新办公楼（二）

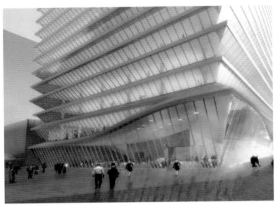

图7-38　RVU新办公楼（三）

新的RVU办公楼室内工作区被分为三个连续的部分，每一部分都有自己的工作类型特征，以适应不同工作部门的需求。其中，一部分工作区由自由布置的办公单元组成，

另外两个部分位于中间走道的两侧，由独立的办公单元和进深较大的办公室组成。公共餐厅位于伸出部分的端头，在这里，建筑的体量感被切断，同时端头的玻璃幕墙使这里成为一个鸟瞰媒体公园和周围环境的场所。悬挑部分下方的地面上洒满了大小不一的火山熔岩块，由于其中点缀着一些指向天花的聚光灯，使熔岩就像正在燃烧一般。熔岩与外包耐腐蚀高强度钢板的天花共同组成了一个紧凑而意趣盎然的入口空间，显示了设计者非常丰富的想象力。

VPRO的新办公地址位于RVU办公楼场地北侧不远处。这个公司从前的老办公区是由13个别墅形成的小区，在过去的许多年中，老别墅区在建立公司的独特形象方面扮演了相当重要的角色。因此，设计新VPRO办公楼遇到的问题是：这些老别墅已经融入了公司通常的工作程序中，在以高效率为目标的现代化新办公楼中，是否需要为老别墅非常规的使用方式保留一席之地？又如何将别墅作为一种隐喻在新办公楼中予以保留？通过分析，MVRDV认为可以利用一系列语言来描述别墅，例如紧凑（没有狭长的走道）和空间差异（包含大量不同用途的房间）以及别墅周围不同条件下的景观考虑。凭借这种理解，他们找到了设计新办公楼的切入点。

首先，紧凑原则的应用促使MVRDV重新安排了原有13个不同的别墅，并将之作为不同尺度、不同空间外形和不同关系的"口袋"沿着螺旋形流线和不同标高的室内庭园逐一安排，结果设计出"荷兰最复杂的办公楼"。设计者利用"精确轰炸"（precision bombing，军事用语）式的设计方法，在新办公楼中创造了一系列的螺旋形庭院，这既为室内带来了自然采光，又获得了良好的室外景观。建筑内的螺旋式上升空间不仅为工作人员提供了共同的空间认同感，还刺激了相互接触和交流。这样，一个开放式的办公楼产生了，而室内与室外的差异也变得模糊了。覆盖在屋面上的草皮取代了原有建筑地形上的各种植被，屋顶下面是类似于"地质构造"的起伏的不同楼层。这些楼层通过一系列的空间手法相互连接，例如坡道、台阶状楼板、巨大的踏步和小范围的楼面升起，最终提供了一条直达屋顶的流线。

其次，空间差异原则的应用导致了连续的室内空间与翼形的内庭院空间相互混合，由此所形成的室内高差为办公环境创造了很大的调整余地，这满足了公司运营时办公类型不断变化的要求。新办公楼中的休息室、阁楼、大厅、内院和室外平台与原来的办公环境逐一对应。从前在老别墅的套间、阁楼、晒台以及底层不同房间办公的公司雇员，如今又在新办公环境中找到了新的位置。

另外，新办公楼在建筑材料运用的方式上也暗示了与老别墅的呼应。设计者不用吊顶而用"真实"的天花，不用预制墙体分隔而用石材、钢、木材和塑料，不用机织的地毯而用波斯地毯和剑麻垫子，不用小窗而用通高的滑动构件构成通高窗，以便给每个办公空间提供到花园、阳台、室外平台或者内院的出入口。

在结构与设备布置方面，设计者则试图保持一种清新自然的格调。新办公楼中，各层楼板由方格网中排列齐整的柱子和其他承重体支撑，这些支撑构件与完全开放的立面确保了所有房间最大限度的透明特征。建筑中的各种设备管线被隐藏在中空的楼板中，其简朴的特征有力抨击了如今许多建筑中随意暴露技术设施的嗜好。

当然，在使用过程中，新办公楼也碰到了一些问题。使用者抱怨开放平面和硬质表面造成了较大的噪音干扰，还抱怨室内普遍的开放性使个人化的表现不易被群体接受——例如在布置私人植物或者图片方面。

在私密性要求很强的别墅中，MVRDV的处理方式同样表现出独有的特色。并联别墅（Double House）位于一个公园旁的街道上。这栋别墅涉及两个业主，也就是说，两户家庭共同拥有一块基地，在出资方面，一个家庭占2/3，另一个占1/3。他们都希望既拥有面对公园的良好朝向，又拥有到街道、花园和屋顶的方便出入口。而且他们需要的不是两栋单独的别墅，而是一栋并联式建筑。但是，如果要保持花园的最大面积，即使考虑最小的层高，也需要将建筑扩展到4~5层。针对两户家庭各自的意见，设计者试图利用隔断墙的设置来解决问题，经过一系列的推敲，产生了两个互相啮合的体块，每一个体块都充分利用地形，并具有非常丰富的效果。最终，建筑师与用户之间取得一致意见，也解决了防火规范的限制问题。针对防火规范不允许超过两层体量的限制，建筑师设计了两个互为对角并相互开放的体量，给予第一对夫妇一个底层的车库，2层内一个宽敞的起居室、厨房和餐厅。另一对夫妇尽管只拥有整个建筑体量的1/3，却与户外有着很好的联系。他们在底层有一个面向花园的厨房与餐厅，在3层还有一个面向公园景观的起居室，这两部分在视觉上通过一个开敞的楼梯井相互联系。两个住户的卧室都位于建筑上部并被封闭，而占有较小体量的用户在位于顶层的洗澡间外还有一块屋顶平台。设计者在剖面上设计了一组蜿蜒曲折的墙体，划分了两个住户的界线，并形成理想协调的双赢居住局面。在设计过程中，建筑师的用意不是为了探索某种理想的居住模式，而是根据的用户要求量体裁衣，探索非常独特的居住模式。矛盾的是，当这种居住模式给予了两个住户需要的合适空间配置时，不同单元的复杂耦合也引起住户们互相注意对方占用的空间。这导致"邻居"的概念显得非常突出。最初，两家彼此的依赖性使生活面临瘫痪的威胁，但最后他们都获得了比设想中更多的独立性。彼得·布查南（Peter Buchanan）认为，在一个不设防的表皮内，个性与集体相互妥协的平衡表现促使这栋建筑暗示着未来建筑某个可能的发展方向。

尽管并联别墅针对前面的公园以及后面的花园设计出最好的景观朝向，但它几乎不考虑周围环境：它与周围的建筑相比显得过高，它的平屋顶与旁边建筑的坡顶、山墙面相冲突，它的颜色与另一边建筑的白墙面相比也显得太暗。然而，MVRDV提倡在最小的占地面积堆砌最大的体量，显然，这栋别墅体现了这个原则。它表现了设计者一贯的设计观念，是一栋不拘于任何风格的建筑。

MVRDV运用他们对建筑、城市和景观的独特理解，巧妙地结合了他们设计观念的那些未定型和随意性特征，通过他们的作品，传达了一种真实、活泼而富于生机的生活态度。他们非常注重对自身独特理论的培养，也因此不断创造了一些与众不同的建筑形式；但他们更加注重从设计的实际情况出发，解决实际问题并从中寻求设计的最佳切入点，同时注重对人们现有生活方式的考察与理解，极力挖掘各种可能的设计因素，并坚持探索既新颖又非常适用的各种建筑模式。可以这样认为：MVRDV的作品已经摆脱了各种风格的约束，并通过强调建筑包含的各种真实内容不断推陈出新。

综上所述，大师给我们的启示与忠告是，好的作品不仅要具备专业的品质，同时也要有一颗坚韧的内心，即便面对着许多人否定的目光，但对艺术的热爱，对建筑、对设计的追求是有增无减的。中国的建筑及室内设计正在崛起，而大师指引了我们方向，那就是做有东方神韵的创意设计，祝愿我们的室内设计师创造出更多贴近自然、贴近人性本源、充满生命力的设计作品。

参 考 文 献

［1］尹定邦. 设计学概论［M］. 长沙：湖南科学技术出版社，2006.

［2］郑曙旸. 室内设计思维与方法［M］. 北京：中国建筑工业出版社，2003.

［3］朱上上. 设计思维与方法［M］. 长沙：湖南大学出版社，2005.

［4］陈楠. 设计思维与方法［M］. 长沙：湖南美术出版社，2009.

［5］伍斌. 设计思维与创意［M］. 北京：北京大学出版，2007.

［6］特·马图斯. 设计趋势之上［M］. 焦文超，译. 济南：山东画报出版社，2009.

［7］吴家骅. 设计思维与表达［M］. 杭州：中国美术学院出版社，1996.

［8］月恩，王震亚. 设计思维［M］. 北京：国防工业出版社，2009.

［9］高桥浩. 创造技法手册［M］. 上海：上海科学普及出版社，1989.

［10］彼特·罗. 设计思考［M］. 张宇，译. 天津：天津大学出版社，2008.

［11］尹青. 建筑设计构思与创意［M］. 天津：天津大学出版社，2004.

［12］查有梁. 论思维模式的分类及其应用［J］. 教育研究，2004（1）：49-54.

［13］张坤民. 低碳经济论［M］. 北京：中国环境科学出版社，2008.

［14］杨金贵. 以低碳经济为核心的产业革命来临［J］. 北京财经周刊 2010（3）.

［15］聂梅生，秦佑国等. 中国生态居住区技术评估手册［M］. 北京：中国建筑工业出版社，2007.

［16］刘加平，谭良斌，何泉. 建筑创作中的节能设计［M］. 北京：中国建筑工业出版社，2009.

［17］尼葛洛庞帝. 数字化生存［M］. 胡泳，范海燕，译. 海口：海南出版社，1997.

［18］李砚祖. 环境艺术设计的新视界［M］. 北京：中国人民大学出版社，2002.

［19］辛艺峰. 建筑室内环境设计［M］. 北京：机械工业出版社，2007.

［20］陈祖建. 室内装饰工程预算［M］. 北京：北京大学出版社，2008.